U0056529

掌握奶油特性

# 常溫甜點研究室

熊谷裕子

瑞昇文化

# CONTENTS

# 前言

　　日常的零嘴、珍貴的下午茶時間、致贈親友，最適合的甜點莫過於常溫甜點，如果能夠親手製作，肯定讓美味更加升級。而最大魅力之一是只需要手邊方便取得的麵粉、雞蛋、砂糖和奶油等簡單食材，就能輕鬆製作。

　　磅蛋糕、餅乾、塔派，任何一種常溫甜點幾乎都使用這些材料製作而成。雖然材料相同，但根據不同配方、攪拌方式、風味素材，便能製作出各種不同口感與滋味的常溫甜點。

　　製作常溫甜點的關鍵在於「奶油」。並非每一種麵糊都使用同樣狀態的奶油，「融化、打發、焦化、冷奶油直接攪拌」等視情況而改變。常溫甜點的口感也會因奶油的使用方法而截然不同。

　　本書將帶領大家深入了解奶油特性，學習如何烤出最佳口感與風味的訣竅。各章節介紹不同的奶油使用方法，並透過基本麵糊的失敗範例，仔細為大家示範與解說。另外也特別準備製作糕點的影片，讓大家藉由影片教學，看清楚麵糊的攪拌方法與混拌的增減訣竅。

　　除了奶油，本書也會詳細介紹各種素材的功用、搭配要領，以及讓糕點更顯美味與華麗的裝飾訣竅。也鼓勵大家嘗試挑戰升級版的常溫甜點。

　　希望這本書能夠幫助大家逐步升級製作常溫甜點的技巧，也能成為大家在感到「？」疑惑時的最佳教科書。

熊谷裕子

## 開始閱讀之前

除了從書中可以看到詳細的食譜介紹，也可以
透過影片學習6種「基本麵糊」的製作方法。

### 成品照

糕點出爐的形象照。

### 剖面照

出爐糕點的剖面照。
可以清楚看到糕點的
質地紋理和口感。
（有些可能看不出
來）

### 搭配影片教學

透過影片學習6種基本麵糊的
製作方法。請掃描QR Code
觀看影片。影片中會介紹融化
奶油和混拌過程中容易失敗的
細節處。另外，影片中也有許
多書本食譜無法傳達清楚的小
技巧。

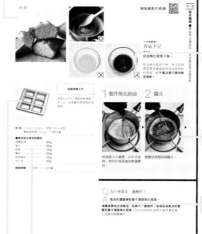

Financier Nature
**基本麵糊**
**費南雪金磚蛋糕**
**原味費南雪金磚蛋糕**

### 失敗範例

介紹製作糕點時容易發生的失
敗範例和原因。

### 製作步驟

搭配照片介紹製作糕餅的每一
個步驟。

### Q&A

介紹製作糕點時遇到的問題與
解決方法。以及烤得好吃的建
議與注意事項。

### 烤模

用於製作食譜糕
餅的烤模。

### 材料

製作該食譜糕點
所需要的食材。

### 關於本書食譜

- 使用無鹽奶油。
- 使用500W～700W電子式微波爐。
- 烤箱溫度、火力、加熱時間僅供參考。
- 使用動物性脂肪約35～36％的鮮奶油。
- 使用L尺寸的雞蛋（去殼後約60g）。
- 準備一般用糖粉和裝飾用糖粉（防潮糖粉）2種。

※材料介紹中註明為無鹽奶油，但食譜和製作過程中會依照不同需求標記為奶油、融化奶油、乳化奶油、焦化奶油、
　固體奶油、粒狀奶油等。影片中亦是如此。而電子式微波爐在書中則簡稱為微波爐。
※關於掃描QR Code觀看影片。影片中可能有出現雜音、不容易聽取聲音或無法精準看見影像等情況，還請各位讀
　者多多見諒。詳細內容請參閱書中食譜。
※製作常溫甜點的過程中，使用烤箱、微波爐、瓦斯爐等加熱器具時，請務必小心不要燙傷。

# 用於製作常溫甜點的主要器具

使用奶油製作糕點時並不需要什麼特別器具。只需要準備手持攪拌機、抹刀等可用於製作糕點的一般常見器具就好。

**❶ 耐熱攪拌盆**

混合材料、打發蛋白霜等製作糕點時的必要器具。建議準備不鏽鋼材質，直徑18cm和22cm各一個。

**❷ 刮板**

製作法式酥脆塔皮時，使用橡皮刮板切割奶油，或者將海綿蛋糕麵糊倒入烤模時輔助抹平麵糊。

**❸ 手持攪拌機**

用於打發奶油。在家裡製作糕點時，準備一支手持攪拌機就已經十分夠用。

**❹ 打蛋器**

用於攪拌麵糊或慕斯。建議購買把手比較牢固的打蛋器。備用大小尺寸各一支更加方便。

**❺ 擀麵棍**

用於延展塔皮麵糊或派皮麵糊。建議購買稍微粗一點且材質牢固的擀麵棍。

**❻ 磅秤**

精準量測材料時不可或缺的重要器具。發粉使用量較少，建議購買以1g為測量單位的電子磅秤。

**❼ 濾茶網、篩網**

用於過篩小麥麵粉等粉類。建議購買有把柄的篩網方便使用。

**❽ 橡膠刮刀**

攪拌麵糊或將麵糊移出料理盆時使用。建議購買耐熱材質，大小尺寸各一把。

**❾ 刀子**

用於切割水果等食材。建議購買鋸齒狀刀刃的刀子。

**❿ 抹刀**

用於淋醬或將融化的巧克力醬抹於蛋糕，或者塗抹鮮奶油時。準備大小尺寸各一把方便使用。

# 用於製作常溫甜點的主要材料

用於製作奶油常溫甜點的基本材料，幾乎都是超市裡容易取得的材料。備齊材料後，即可開始挑戰這些簡單的基本常溫甜點。

**❶ 小麥麵粉**
（低筋麵粉、高筋麵粉）

製作蛋糕時幾乎都使用低筋麵粉，高筋麵粉則適合作為手粉。但製作派餅麵糊等強調酥脆口感的糕點時，則將低筋麵粉和高筋麵粉一起混合使用。

**❷ 無鹽奶油**

除了加在麵粉裡揉成麵糊，也用於塗刷烤模內側以方便出爐後脫模。

**❸ 發粉**

用於增加糕點蓬鬆度。使用大量奶油製作糕點時，光靠蛋的力量難以讓糕點膨脹，所以添加少量發粉增加蓬鬆感。

**❹ 雞蛋**

使用L尺寸的雞蛋（去殼後60g左右）。食譜中若以公克（g）標記蛋的用量，請於打散後再秤重。

**❺ 杏仁粉**

將杏仁研磨成粉後使用。添加於糕點中增加香氣，同時也具有濕潤效果。

**❻ 上白糖**
（食譜中標記為砂糖）

超市裡就買得到。不僅容易溶解於液體中，也具有使常溫甜點更加濕潤的效果。

**❼ 糖粉**

粉末狀的糖粉。可添加在餅乾麵糊或法式甜塔皮麵糊裡，也可以用於製作淋醬。糕點的最後裝飾通常也都使用防潮糖粉。

# 學習奶油大小事

說到製作常溫甜點最不可或缺的材料，那就是「奶油」。根據想要製作的糕點，事前準備最佳狀態的奶油也是非常重要的步驟。接下來將為大家介紹奶油在製作常溫甜點中所扮演的角色，以及奶油的使用方法如何改變糕點的口感。開始製作糕點之前，先一起來學習奶油的特性與處理方式。

## 奶油的特性

### 奶油是由什麼製作而成？

奶油的原料是牛奶。從牛奶中取出脂肪成分並使其凝固成奶油。83.0％為乳脂肪、15.8％為水分，另外還含有微量蛋白質、碳水化合物、礦物質。

# 奶油在常溫甜點製作中所扮演的角色？

## 1

### 鬆軟濕潤口感（乳化性）

奶油具有「乳化性」。奶油經攪拌後飽含空氣，不僅口感變蓬鬆柔軟，也具有使烤焙過的蛋糕體更為細緻鬆軟的效果。然而一旦融化成液體狀，乳化性也會跟著消失。因此，務必留意不可融化過度。

\蓬鬆柔軟/

## 2

### 充滿厚重、濃郁芬芳的奶油香味

製作常溫甜點時，加點奶油能夠增添乳製品的風味，烘焙後也更加芳香。除此之外，有些油脂還能打造厚重口感。製作費南雪金磚蛋糕麵糊時，事先將奶油加熱成焦化奶油後再使用，不僅風味佳，香氣也十分濃郁。

\香氣四溢/

## 3

### 打造酥脆口感（酥脆性）

奶油也具有「酥脆性」，能使麵糊質地酥鬆脆口。製作法式甜塔皮或酥餅麵糊時，透過奶油將小麥麵粉粒子包覆起來，能夠有效預防麵糊形成麵筋（口感變硬的原因），讓麵糊經烤焙後更加酥鬆脆口。

\酥鬆脆口/

## 4

### 具保濕性、保存性

奶油內含的油脂具有預防乾燥、保持麵糊濕潤的效果，另外也可以防止口感因冷藏或長時間保存而乾巴巴。油脂含量愈多，保存期限愈長，但奶油蛋糕這種奶油含量多且不容易加熱的糕點，需要多花點時間慢慢烘烤。

\濕潤口感/

## 關於保存的注意事項

將奶油保存在5度C以下的冷藏室，或者冷凍室。由於接觸空氣容易氧化，導致味道變差、變色或出現臭酸味，建議先用烘焙油紙確實包覆，再以保鮮膜包起來，或者烘焙油紙包覆後放入密封袋中保存。奶油一旦融化過，就會開始變質，請盡早使用完畢。使用奶油製作的常溫甜點也一樣，吃不完的部分務必用烘焙油紙包起來，置於陰涼處或冷藏室裡保存。

# 使用融化奶油

P.16 ▶ 第1章「柔軟蓬鬆濕潤綿密」

**主要使用融化奶油
的常溫甜點**

法式磅蛋糕

熱那亞杏仁蛋糕

加熱奶油至30度C左右的液體狀。麵糊裡添加融化奶油，不僅具有濃濃的牛奶風味，口感也較為濕潤且濃厚。添加融化奶油時，為了讓加入蛋液等水分時容易攪拌，先將奶油加熱至40～45度C。奶油的油脂會使蛋液消泡，所以添加在一起後，注意不要攪拌過度。

# 使用焦化奶油

P.72 ▶ 第3章「濕潤綿密香氣噴鼻」

**主要使用焦化奶油
的常溫甜點**

費南雪金磚蛋糕

焦化奶油的特色之一是可以藉由焦化程度（豆皮色～深褐色）來製作自己偏愛的風味。千萬注意不要加熱至燒焦。

加熱奶油成液體狀之後，持續加熱使奶油油脂以外的成分逐漸焦化，散發一股微焦的芳香風味。因此麵糊裡添加焦化奶油，香氣會比使用一般融化奶油更加濃郁且豐富。為了方便與麵糊混合攪拌在一起，建議將奶油加熱至40～45度C後再倒入麵糊裡。

將奶油置於室溫下或微波爐加熱軟化，透過攪拌打發使奶油飽含空氣且變白。活用奶油的「乳化性」，就能製作鬆軟的奶油蛋糕或輕盈滑順的奶油霜。尤其加入砂糖後打發，不僅奶油霜的穩定性更高，也更加能飽含空氣。請特別注意，奶油一旦融化成液體狀，乳化性會跟著消失，即便再次冷藏也無法恢復。

### 主要使用乳化奶油的常溫甜點

奶油蛋糕

加熱奶油時，務必分數次加熱。完全融化後，即便再次冷卻也無法飽含空氣。訣竅在於視情況分數次以微波爐慢慢加熱。若不小心完全融化，就當作融化奶油使用。

### 將奶油攪拌成滑順的美乃滋狀

奶油因冷凍而變硬，或者過度加熱變液體狀都無法順利打發。氣溫高時置於室溫下數小時，讓奶油自行軟化至適當程度。氣溫低時或即刻需要時，可以使用微波爐加熱軟化。

將奶油倒入微波爐適用的容器中加熱數秒。

奶油通常從底部中心處開始融化，攪拌後視情況逐次加熱。

## 直接使用
## 固體奶油

P.86 ▶ 第4章「酥脆易碎入口即化」

奶油具有「酥脆性」，能使烤焙後的麵糊酥脆可口。另一方面，以奶油包覆小麥麵粉粒子的方式製作麵糊，由於奶油隔絕水分，有助於避免形成麵筋，讓麵糊口感酥鬆脆口。然而奶油的這個特性會隨奶油融化而減弱，因此，製作酥脆口感的關鍵就在於盡量避免奶油融化。

活用奶油酥脆性的糕點

香蕉塔　　　　　咖啡佛羅倫提焦糖餅

## 各種混拌奶油的方法

為了充分發揮奶油的酥脆性，直接將固體狀冷奶油放入食物調理機中最為理想。若家裡沒有食物調理機，可以改用打蛋機。雖然會變得軟一些，但感覺可以揉捏的程度後立即停止。

### 處理麵糊時的注意事項

將處理好的麵糊置於室溫下，奶油因為逐漸融化而失去酥脆性。處理麵糊的過程中盡量多置於冰箱冷藏室。

## 使用
## 粒狀奶油
P.110 ▸ 第5章「清脆可口」

將細粒狀的奶油撒在上小麥麵粉和水混拌在一起的麵糊上並以高溫烤焙，奶油因為瞬間沸騰而使麵糊宛如「油炸」狀態。這就是麵糊口感酥脆、清脆的原理。撒上細粒狀奶油的麵糊（法式酥脆塔皮或酥皮），烤焙後有種紮實酥脆的口感。撒上大顆粒奶油的麵糊且反覆摺三摺，烤焙後則會有鬆軟酥脆的纖細口感。

使用粒狀奶油製作的糕點

檸檬薄派

蘋果小方糕

## 將麵粉和奶油切拌在一起

將麵粉、砂糖、鹽、奶油放入食物調理機中，攪拌至奶油小於1cm。

以刮刀將奶油和麵粉切拌在一起。為了讓奶油最終能夠保留粒狀，訣竅是直接使用固體狀冷奶油。

使用冷水混合攪拌，奶油不易融化且能保留粒狀。

✕

奶油顆粒過大NG；顆粒過小而和麵粉混在一起也NG。奶油顆粒要大小適中。

# 用於製作常溫甜點的其他材料

製作烘烤糕點時，除了奶油，還需要其他各種材料。首先是影響最終味道的甜味，接下來讓我們一起來了解砂糖種類、液態糖，以及各自的用處與使用方法。此外還會介紹一些製作美味常溫甜點時發揮重要功用的其他材料。

### 打造美好滋味的砂糖
## 砂糖的各種使用方法

砂糖是甘蔗汁或糖用甜菜根汁經濃縮、精製、結晶化作業後的高純度產物。精製度愈低，原料的顏色和風味愈強烈；精製度愈高，砂糖顏色愈白且愈沒有雜味。砂糖精製度大幅影響口感，需要依照糕點種類，使用符合不同口感的砂糖。

| 1 | 保水性・保濕效果 | 打造奶油蛋糕和海綿蛋糕的濕潤感，穩定蛋白霜的氣泡 |
|---|---|---|
| 2 | 防腐效果 | 提高果醬和糖漬的保存性 |
| 3 | 上色效果 | 使奶油蛋糕和海綿蛋糕的表面烤色均勻 |

### 控制糖分也別忘記
## 砂糖用量
## 影響口感和外觀

減糖的同時也別忘記砂糖用量過少恐導致口感變乾，也容易因為不好上色而使整體外觀偏白，也就是說，砂糖用量會影響口感和外觀。均衡的材料用量非常重要。不要過度刪減砂糖用量，而是配合使用其他具酸味或苦味的材料以達到控制甜味的目的。

### 濕潤、黏彈。想改變口感時
## 充分運用液體狀的糖液

轉化糖漿和蜂蜜等液體狀糖類具有相當高的保濕效果，不僅能使蛋糕類的烤色均勻、口感濕潤，也能使焦糖Q彈且充滿香氣。但務必留意，單用液體狀糖類恐導致烤色過深、口感過於黏稠，請搭配砂糖一起使用。液體狀糖類也具有防止砂糖結晶化的效果。

### 粉狀糖類

| 口感・風味 | 主要糖類風味 | 純度 | 特徵 | 適用的糕點 |
|---|---|---|---|---|
| 輕盈、沒有雜味、風味優雅纖細 | 精白砂糖 | 高 | 純度最高。結晶顆粒大，不易結塊變硬 | 甜味高雅的鮮奶油蛋糕 |
| 酥脆 | 糖粉 | | 將精白砂糖研磨成粉末。有些糖粉會另外添加玉米澱粉或寡糖。常作為糖霜使用。 | 酥脆的酥餅、法式甜塔皮等 |
| 濕潤 | 白砂糖 | | 添加少量轉化糖漿。比較沒有特殊味道，價錢比較優惠。稍微容易結塊變硬。 | 濕潤的奶油蛋糕或海綿蛋糕等 |
| 有獨特風味 | 三溫糖<br>紅糖<br>蔗砂糖<br>粗糖 | | 呈褐色，帶有淡淡的風味。精製度低，保留較多甘蔗內含的礦物質和風味，所以顏色偏褐色。適合搭配蘋果、栗子、咖啡。 | 鄉村風蛋糕或獨具個性的蛋糕 |
| 濃郁、有特殊味道、厚重感、風味樸實 | 黑糖 | 低 | 甘蔗汁熬煮而成。呈深褐色且風味強烈。糕點的口感略微厚重。建議搭配白砂糖一起使用。 | 活用黑糖風味的麵糊和食材 |

### 液體狀糖類

| 口感・風味 | 主要糖類風味 | 純度 | 特徵 | 適用的糕點 |
|---|---|---|---|---|
| Q彈・黏稠 | 轉化糖漿（液態糖） | | 用於不需要上色、不具特殊風味時。具有不錯的黏稠效果。 | 濕潤且甜味高雅的常溫甜點 |
| | 蜂蜜 | | 漂亮的烤色和香氣。風味因蜜蜂採集的花種而有所不同。 | 濕潤且活用蜂蜜風味的糕點 |

## ◆雞蛋

雞蛋等同水分的效果，能使麵糊變柔軟，口感更加濕潤綿密。將全蛋或蛋白打發後使用，也能使糕點鬆軟且更具分量感。打發時添加砂糖有助於穩定氣泡。但奶油等油脂則會阻礙氣泡的形成，將兩者混合一起時需格外留意。

另一方面，蛋黃具有增加光澤的效果，可塗刷於塔皮或派皮上，更顯糕點的亮澤與美味。

## ◆堅果

堅果充滿香氣與清脆感，添加堅果可以突顯酥脆口感，打造糕點的脆口特色。直接將生堅果加入麵糊裡，烘焙後也無法發揮堅果的獨特香氣，請務必事先烘烤至表面呈淡淡金黃色後再加入麵糊裡。若只是裝飾於糕點表面，由於之後會同麵糊一起烤焙，所以使用生堅果直接妝點也無妨。

## ◆粉類

### ▲小麥麵粉（低筋麵粉、高筋麵粉）

小麥麵粉是製作麵糊過程中的「支柱型」原料。

在小麥麵粉裡添加蛋等水分製作成麵糊，麵糊裡的水分經加熱後膨脹。在這個同時，小麥麵粉遇熱凝固，冷卻後繼續維持膨脹度而成為糕點的「支柱」，另外也打造糕點特有的口感。

將麵粉和水混拌至一定程度後形成支柱的基底「麵筋」，攪拌程度不夠或加熱不足都可能造成烘焙失敗。另一方面，攪拌過度形成太多麵筋時，口感則變得厚重且過於黏稠。因此，適度攪拌是關鍵所在。

製作輕盈口感的糕點時，主要使用低筋麵粉，但製作法式酥脆塔皮等口感酥脆的塔皮麵糊時，由於需要較多蛋白質（形成多一點麵筋），所以混合使用高筋麵粉和低筋麵粉。

### ▲澱粉類

玉米澱粉或澄粉（小麥澱粉）等具有干擾麵筋形成的效果，和奶油一樣可以打造酥脆口感。除此之外，澱粉還能製作出輕盈且易咬的口感。但單獨使用的話，麵糊會因為不夠紮實而不容易捏塑形狀，請務必混合小麥麵粉一起使用。

### ▲杏仁粉

杏仁切碎研磨成杏仁粉，加入油脂含量多的麵糊裡，有助於增加濕潤口感和「鮮味、香氣、風味」。由於氧化速度快（氧化後變得油膩黏稠且出現臭味），需以冷藏或冷凍方式保存，或者盡快使用完畢。

## ◆水果

水分多加一些，糕點當然比較濕潤，但直接使用新鮮水果，容易因為水分過多而造成麵糊變得太稀，或者導致麵糊烤得半生不熟。務必先將水果加熱或烘乾，去除多餘水分後再倒入麵糊裡。熬煮或焗炒時需要添加砂糖，而砂糖的保水性有助於預防水分蒸發，讓糕點充滿濕潤感。濃縮水果糖分的果乾、酒漬果乾、糖漬栗子、甘露煮栗子也都同樣具有使糕點充滿濕潤感的效果。

## ◆果醬

果醬是使用水果和砂糖熬煮而成，除了作為糕點的內餡，也可以薄薄塗刷在烤焙後的糕點上增加酸甜風味。塗刷於糕點表面時，先過篩果醬，然後溶解成液體狀後再使用。

## ◆利口酒

並非將利口酒與麵糊混合在一起，而是出爐後塗刷在表面，增加香氣的同時也補充水分，讓糕點口感更濕潤。另外，利口酒也具有殺菌、延長保存期限的效果。糕點冷卻後會造成利口酒不易滲透，建議一出爐後馬上塗刷。趁熱塗刷利口酒也能讓多餘酒精蒸發，僅保留香氣與風味。

# 第1章

# 「柔軟蓬鬆濕潤綿密」
# 使用融化奶油
## 法式磅蛋糕&熱那亞杏仁蛋糕麵糊教學

將融化後的奶油加入麵糊裡，
烤焙後充滿濃郁奶香，口感濃厚且濕潤。
接下來教大家如何使用融化奶油製作
「法式磅蛋糕麵糊」和「熱那亞杏仁蛋糕麵糊」。

·········· 使用融化奶油製作麵糊的重點 ··········

### 1
**奶油於加熱後使用**

添加融化奶油時，為了方便添加蛋和
砂糖後的混合攪拌（容易乳化），建
議先以隔水加熱方式或微波爐加熱奶
油至40～45度C。

### 2
**添加奶油後勿攪拌過度**

奶油的油脂易使打發蛋液產生的氣泡
消失，將兩者添加混合一起後，注意
不要攪拌過度。

### 3
**將奶油和部分麵糊
混合在一起**

融化奶油的分量較多時，先讓部分麵
糊乳化後，再加入剩餘麵糊，不僅容
易攪拌麵糊，也比較不會造成蛋液消
泡。

「柔軟蓬鬆溼潤綿密」

熱那亞杏仁蛋糕

法式磅蛋糕

## Quatre-quarts Citron Yuzu

# 基本麵糊
# 柚子法式
# 磅蛋糕

**在鬆軟且口感輕盈的出爐蛋糕體上，
澆淋一層薄薄的甜酸檸檬味糖衣。**

剖面

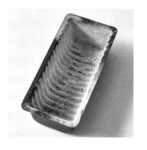

### 烤模準備工作

參照P.47「事前烤模準備工作」B，在烤模內側塗刷奶油和麵粉各一層備用。

**材 料** 有邊緣尺寸19cm×8cm波紋方形烤模（740cm³）1個分量

●法式磅蛋糕麵糊
無鹽奶油 ……………… 60g
蜂蜜 …………………… 20g
檸檬皮刨絲 …… 1/2顆分量
柚子皮絲 ……………… 20g
全蛋 ………………… 淨重90g
砂糖 …………………… 60g
低筋麵粉 ……………… 90g
發粉 …………………… 2g

●糖衣
糖粉 …………………… 75g
檸檬汁 ………………… 約15g
●裝飾
柚子皮絲、開心果、
防潮糖粉
………………………… 各適量

**烤焙時間** 180度15分鐘→170度15分鐘

## 1 奶油放入料理盆中

將奶油和蜂蜜一起放入較大的料理盆中，然後加入刨絲檸檬皮。

## 2 融化奶油

以500～600W微波爐加熱20～30秒使奶油融化。參照下述作法。

**Q** 加熱奶油至幾度？

**A** 40～45度C最為理想。

雙手握住料理盆，感覺溫熱的程度。以微波爐加熱時，勿一次到位，**視情況分次加熱**。準備添加至麵糊裡時，若奶油已經冷卻，請重新加熱。為了容易混拌至麵糊裡（容易乳化），溫度是重要關鍵。

**事前準備的重點**

**柚子皮絲切細碎**
將柚子皮絲切細碎。沒有切細碎的話，烤焙時容易沉入底部。也可以事後添加。

**步驟 2 的訣竅**

**融化奶油**
不使用微波爐的話，也可以改用隔水加熱方式融化奶油。

## ╳失敗範例1
### 蛋液沒有確實打發

●原因

沒有將料理盆傾斜，導致手持攪拌機未能確實接觸蛋液。打發時間拉長，導致蛋液變冷也是蛋液無法確實打發的原因之一。

為了將蛋液攪打至細緻且充滿氣泡，必須增加溫熱蛋液與手持攪拌機的接觸面積，並且高速攪拌。平放料理盆和斜放料理盆互相比較，會發現斜放時蛋液接觸攪拌機的面積比較大，打發時間也相對較短。

**步驟 4、5 的訣竅**

**確實打發蛋液**

雖然之後會添加發粉，但在這個步驟中若沒有確實打發蛋液，只仰賴發粉使麵糊膨脹，麵糊質地會變得比較粗糙且氣泡呈長條形。添加發粉終究是為了輔助蛋液的氣泡讓麵糊膨脹，所以最重要的還是必須先確實打發蛋液。

## 3 加熱蛋液　　　4 打發　　　　　　　　　　5 打發完成

全蛋倒入料理盆中，打散後加入砂糖充分拌勻。以小火隔水加熱的同時用攪拌器輕輕攪拌。

使用手持攪拌機高速打發蛋液。參照上述作法。

打發至提起攪拌機時，蛋液自動垂落。參照上述作法，自行調整打發程度。

確實打發至整體呈慕斯狀就完成了。參照上述作法。

---

Q 如何加熱蛋液，加熱至什麼程度？

A 建議加熱至40～45度C。

使用隔水加熱方式時，注意不要讓熱水飛濺至蛋液裡。以手指試溫，加熱至感覺蛋液變溫熱。直接置於火爐上時，請以小火加熱並頻繁攪拌，邊轉動料理盆邊攪拌。注意不要讓蛋液凝固。加熱溫度不足易導致打發不完全，進而影響烤焙效果。

Q 手持攪拌機高速運轉的理由？

A 為了快速打發蛋液。

為了增加蛋液和攪拌機的接觸面積，建議稍微斜放料理盆並開啟高速運轉，蛋液趁熱快速打發，不僅提高效率與成功率，也能增加糕點的分量感。

Q 確認方式？

A 提起時垂落。

即便打發成偏白的慕斯狀，但提起攪拌棒時，若打發的蛋液一滴滴滴垂落，最後可能容易融化，這樣的情況其實是NG的。為了讓氣泡更細緻、穩定不消泡，必須再次高速打發。這時蛋液溫度下降也沒有關係。

Q 打發完成的基準是什麼？

A 像緞帶垂掛般的狀態。

提起攪拌棒時，打發蛋液緩緩垂落且堆疊在盆裡的形狀能夠維持一小段時間，這種情況代表打發完成。能以垂落的打發蛋液畫出「の」字就OK了。

×失敗範例2
## 麵糊沒有膨脹

●原因
**沒有使用手持攪拌機確實打發蛋液。**

蛋液趁熱打發至變白且蓬鬆，並且確實與粉類混拌在一起，這樣自然能烤出鬆軟且具分量感的糕點。**沒有充分打發蛋液，無法打造出蓬鬆分量感。**

×失敗範例3
## 紋路不一致，乾巴巴且凹陷

●原因
**麵粉攪拌混合程度不夠。**

**攪拌至沒有粉粒狀後立即加入奶油等食材**，容易因為粉類與食材尚未完全結合，導致烤焙時雖然會膨脹，但**出爐後很快就塌陷。**不僅質感粗糙，口感也顯得乾巴巴。

| 6 過篩粉類 | 7 混合攪拌 | | 8 再稍微攪拌一下 |
|---|---|---|---|

將低筋麵粉、發粉倒入篩網中，以橡皮刮刀輕壓將粉類過篩至料理盆中。

將料理盆往自己身體側轉動，以橡皮刮刀由底部向上撈取的方式仔細混合攪拌。

攪拌至沒有粉末感。

沒有粉末感後，持續混合攪拌10次左右。

---

Q 混合攪拌的訣竅？

A 以撈取方式攪拌。

**以橡皮刮刀從中間切開，然後將麵糊由下往上撈取並覆蓋於上方**，邊轉動料理盆邊重覆同樣動作。由下往上撈取時，確認底部還有沒有粉狀顆粒，小心地以畫「の」字的方式混合攪拌。注意**動作過於粗暴恐容易造成消泡。**

Q 沒有粉末感後就可以添加奶油嗎？

A 攪拌至沒有粉末感後立即加入奶油恐導致失敗。

沒有粉末感時即加入奶油，容易因為細緻穩定的氣泡尚未完全與粉類結合，還沒形成麵糊的「支柱」，導致**烤焙時雖然會膨脹，但出爐後很快會塌陷。**

Q 為什麼需要多攪拌10次？

A 為了讓麵糊整體混合均勻。

稍微消泡沒有關係，適度再攪拌一下，**就能讓粉類與細緻穩定的氣泡結合並形成「支柱」。**唯有粉類與細緻穩定的氣泡結合才能烤焙出漂亮的糕點。但也務必留意不可過度攪拌。

## 未能乳化

●原因

**添加至奶油裡的麵糊分量太少。**

添加至融化奶油裡的**麵糊分量太少，或者攪拌不足都會導致無法乳化**。增添麵糊分量且充分攪拌。但注意添加過多麵糊也是NG作法。

| 9 麵糊<br>倒入奶油裡 | 10 充分混合<br>攪拌 | 11 乳化 | 12 倒回<br>料理盆中 |
|---|---|---|---|
|  |  |  |  |
| 將切細碎的柚子皮絲倒入溫熱狀態的2融化奶油裡，同時也倒入一匙左右的8麵糊（約45g）。 | 用打蛋器充分混合攪拌讓麵糊產生乳化作用。 | 整體混合均勻，呈乳化狀態。 | 將乳化後的麵糊倒回裝有8麵糊的料理盆中。奶油的油脂會使蛋液消泡，所以接下來要充分混合均勻。 |

Q 為什麼麵糊倒入奶油裡？

A 為了使融化奶油和麵糊容易混合在一起。

**進行這項作業時，請確認奶油是溫熱狀態。**奶油溫度過低，奶油和麵糊不容易混合（乳化作用）在一起。奶油變冷時，請於加熱後再使用。另外，**添加的麵糊分量過少會影響乳化作用，過多則造成消泡，這些細節務必多加留意確認。**

Q 需要打發嗎？

A 以轉動方式混合攪拌。

並非進行「打發」作業，而是以轉動方式「混合攪拌」。稍微消泡也沒關係。**攪拌初期容易出現分離狀態，但隨著攪拌，麵糊逐漸均勻且光滑。**

Q 為什麼需要乳化？

A 為了整體更容易混合攪拌。

在這個階段先**使部分麵糊充分乳化，乳化後再倒回麵糊裡，整體更容易混合均勻，烤焙後的口感也更加濕潤。**若沒有充分乳化就倒回麵糊裡，不僅混拌作業困難，還容易造成過度消泡，最終導致口感變乾澀。因此充分乳化非常重要。

### 為什麼不將融化奶油一次全部倒進去？

將濃稠液體狀的奶油一次全部倒入打發成慕斯狀的蛋液裡，容易因為沉入底部而難以混合攪拌均勻。硬是混拌在一起，反而容易造成消泡。而體積分量大幅減少則進一步導致烤焙後的口感變得過於厚重密實。

**熟成重點**

**包覆保鮮膜並靜置1～2天**

出爐後參照P.48脫模，置於室溫下放涼。**稍微置涼後用保鮮膜確實包覆**，放入密封袋中靜置1～2天，讓味道更穩定。建議收尾裝飾之前都維持這個狀態，**享用之前再著手進行最後妝點。**

## 13 混合攪拌

以由下往上撈取的方式將整體混合攪拌均勻。

麵糊攪拌均勻後就完成了。特別注意過度攪拌反而使奶油的油脂造成消泡。

## 14 倒入烤模

一口氣倒入準備好的烤模裡，置於烤盤上。

## 15 烤焙

放入預熱至180度C的烤箱烤焙15分鐘，調降溫度至170度C後再烤焙15～20分鐘。

---

Q 混合攪拌的重點？

A 以由下往上撈取的方式混合攪拌。

奶油含量多的麵糊容易往下沉，攪拌粉類時要由下往上撈取，以動作大、次數少的方式混合攪拌。

Q 倒入烤模裡的方法？

A 一口氣全部倒進去。

先以**橡皮刮刀將麵糊刮至料理盆一側，然後一口氣倒入烤模裡**。分段式慢慢倒慢慢刮，容易使麵糊變沉重。

Q 烤焙重點？

A 烤焙過程中不要任意開啟烤箱門！

**趁麵糊消泡前趕快放入烤箱裡烤焙**。麵糊調熱膨脹，但烤焙過程中頻繁**開啟烤箱門，容易造成麵糊凹陷**。若覺得烤色不均勻，請在**烤焙時間超過20分鐘，麵糊開始上色後**再開啟烤箱並將烤模前後對調，快速作業後立刻再關起來。

Q 如何確認烤焙完成？

A 輕壓時有Q彈感覺就OK了。

雖然烤焙過程中大幅膨脹，但後期開始慢慢縮小。回縮代表麵糊確實熟透，這時候可以開啟烤箱門，**輕輕按壓有Q彈感覺時就可以準備出爐**。感覺太軟時，再稍微多烤幾分鐘。

×失敗範例5
## 糖霜過硬・過稀

●原因
**相對於糖粉用量，檸檬汁用量過多或過少所致。**

用於最後裝飾的糖霜，過稀容易被蛋糕體完全吸收；過硬則會使蛋糕體顯得厚重。務必多加留意糖霜的軟硬度。先將**糖粉倒入料理盆中，再少量逐次添加檸檬汁攪拌均勻。**覺得糖霜過於稀軟時，添加糖粉加以調整。

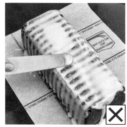

×失敗範例6
## 無法順利塗抹糖霜

●原因
**以拍壓方式塗抹糖霜。**

蛋糕披覆用的糖霜塗抹方式，應該是**將抹刀盡量平行於蛋糕體表面，然後以輕壓延展方式均勻塗抹。**以拍壓方式塗抹容易出現不均勻或厚薄不一的情況。

---

## 16 製作糖霜

製作最後裝飾用的糖霜。糖粉裡加入檸檬汁，混合攪拌均勻。

## 17 調整濃度

以增減檸檬汁的方式調整糖霜的軟硬度。

## 18 塗抹

以抹刀將糖霜薄薄塗抹在蛋糕體表面。

## 19 裝飾

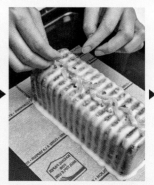

以柚子皮絲、開心果等隨意裝飾。

---

Q 糖霜的軟硬度？

A 連續垂落的狀態最為理想。

**撈起糖霜時連續垂落，**而不是一滴滴掉落的軟硬度。以調整至能夠**薄薄塗抹在蛋糕體表面的硬度為基準。糖霜太硬時，添加少許檸檬汁；太稀軟時，添加少許糖粉。**也可以試著塗抹在蛋糕體上，然後依實際狀況進行調整。

Q 裝飾用食材的大小？

A 切成大小適中。

將**開心果切細碎，柚子皮切成大小適中的長條狀，有大有小且隨意擺放。**若覺得開心果的顏色不夠鮮豔，可倒在小容器中並加點水，放入微波爐加熱數秒，**加熱後再切細碎，顏色會更加翠綠。**

## 法式磅蛋糕麵糊
# 應用重點

× 食材過大，不易混合均勻

法式磅蛋糕麵糊呈輕盈慕斯狀，食材過大容易在烤焙前沉至底部。

建議將放入麵糊裡的食材切成細小粒狀或粉末狀（像是紅茶茶葉、細研磨咖啡豆、即溶咖啡粉、可可等）。使用果乾時，也請先切細碎備用。

× 不適用小型烤模、薄型烤模

法式磅蛋糕的魅力之一是鬆軟口感。使用小型烤模或沒有厚度的烤模，無法充分烤焙出理想的口感。

建議使用稍具厚度的磅蛋糕烤模、海綿蛋糕烤模等。這樣才能盡情享受鬆軟且濕潤的美味口感。

---

## 20 烘乾

裝飾完成後，放入預熱至170度C烤箱中烘烤2分鐘左右。

## 21 撒糖粉

將尺等置於蛋糕體中間，然後使用篩網在兩側撒防潮糖粉。

---

 為什麼需要烘乾？

 為了去除多餘的糖霜，讓表面糖霜凝固。

放入烤箱中加熱可以去除多餘的糖霜，使表面糖霜凝固。原本呈白色的糖霜於加熱後變半透明，晶瑩剔透的模樣格外美麗。但請特別留意，烘乾時間過長或溫度太高易造成糖霜沸騰而變得乾巴巴。

Q 撒糖粉的方法？

A 使用尺等輔助工具。

將尺置於蛋糕體中間，然後撒上糖粉。沒有尺的話，取一張紙摺成長條狀也OK。若想將糖粉撒得均勻漂亮，**建議使用糖粉篩罐**，也可以使用濾茶網取代。

**法式磅蛋糕**
**麵糊初級篇**

麵糊裡添加特殊風味，
再利用糖漿提高濕潤度與香氣

Tea Brandy Cake **紅茶白蘭地蛋糕** 右

Cacao Brandy Cake **可可香橙干邑白蘭地蛋糕** 左

在基本法式磅蛋糕麵糊裡添加格雷伯爵茶或可可粉等特殊風味，製作簡單且初級的法式磅蛋糕。
最後再塗抹大量有絕佳契合度的白蘭地糖漿。

**烤模準備工作**

參照P.47的「事前烤模準備工作」B，在烤模內側塗刷奶油和麵粉備用。

**材料**　有邊緣尺寸17cm×8cm磅蛋糕烤模（670cm³）1個分量

**格雷伯爵茶茶葉**
這次使用添加在常溫甜點裡也會留下濃郁香氣的香檸檬風味的格雷伯爵茶茶葉。先以食品攪拌機或擂缽將拌入麵糊裡的茶葉研磨成細粉備用。而更輕鬆方便的作法則是直接取用茶包裡的細末狀茶葉。

● 法式磅蛋糕麵糊
| | |
|---|---|
| 無鹽奶油 | 55g |
| 蜂蜜 | 20g |
| 全蛋 | 淨重80g |
| 砂糖 | 55g |
| 發粉 | 2g |
| 低筋麵粉 | 80g |
| 格雷伯爵茶茶葉（研磨細碎） | 5g |

● 白蘭地糖漿
| | |
|---|---|
| 砂糖 | 30g |
| 水 | 15g |
| 紅茶利口酒 | 30g |
| 卡巴度斯蘋果酒（蘋果白蘭地） | 30g |

◆ 製作可可香橙干邑白蘭地蛋糕時，將低筋麵粉改為70g，以10g可可粉取代格雷伯爵茶茶葉。將添加至麵糊裡的30g黑巧克力（可可含量65％）也切細碎備用。以60g柑曼怡香橙干邑甜酒（柳橙干邑）取代紅茶利口酒和卡巴度斯蘋果酒。

**烤焙時間**
180度15分鐘→
170度15分鐘

**製作紅茶白蘭地蛋糕**

**1 製作麵糊**

參照P.19～P.23「柚子法式磅蛋糕」製作蛋糕體麵糊。

**2 烤焙**

倒入烤模裡，放入預熱至180度C烤箱中15分鐘，溫度調降至170度C後再烤焙15～20分鐘，出爐後脫模。

**3 製作糖漿**

以微波爐煮沸砂糖和水，稍微置涼後加入紅茶利口酒和卡巴斯蘋果酒。參照下述作法。

**4 塗刷糖漿**

趁蛋糕體溫熱時，將白蘭地糖漿塗刷於蛋糕體上面。

**增加紅茶風味**
在這個步驟中**將低筋麵粉、發粉和格雷伯爵茶茶葉一起過篩至料理盆中。**同時將融化奶油和蜂蜜一起倒進去（不添加檸檬皮、柚子皮）。融化奶油必須是溫熱狀態（40度C左右）。

**步驟3的訣竅　於楓糖冷卻後再添加酒類**
若將利口酒倒入還沒放涼的糖漿（以砂糖和水調製而成）中，風味容易揮發。請務必放涼後再添加。

**Q** 如何確認烤焙完成？

**A** 輕壓蛋糕體中間，有Q彈感覺就OK了。
若擔心沒有烤熟，可以使用**竹籤**等插入蛋糕體中，若竹籤上**無沾黏麵糊就可以出爐了。**

**5 整體塗刷糖漿**

蛋糕體側面和底部全塗刷糖漿。將所有糖漿使用完畢，讓糖漿滲透至蛋糕體內部。

**6 靜置熟成**

以保鮮膜包覆並放入密封袋中，靜置於冷藏室2天以上，讓糖漿確實滲透至蛋糕體內部。

## 烤模準備工作

參照P.47的「事前烤模準備工作」B，在烤模內側塗刷奶油和麵粉備用。

**材 料** 直徑約7.5cm．寬5cm
檸檬形狀烤模12個分量

●**法式磅蛋糕麵糊**
| | |
|---|---|
| 無鹽奶油 | 60g |
| 蜂蜜 | 20g |
| 刨絲橙皮 | 1/3顆分量 |
| 橙皮 | 30g |
| 全蛋 | 淨重90g |
| 砂糖 | 60g |
| 發粉 | 2g |
| 低筋麵粉 | 90g |
| 君度橙酒 | 約15g |

●**糖霜**
| | |
|---|---|
| 糖粉 | 75g |
| 檸檬汁 | 10g |
| 刨絲橙皮 | 少許 |
| 君度橙酒 | 5g |

●**裝飾**
| | |
|---|---|
| 橙皮 | 適量 |

**烤焙時間**
180度12～15分鐘

**法式磅蛋糕麵糊高級篇❶**

## 小型烤模，
## 一層薄糖霜
## Orange Cointreau Cake
## 香橙君度橙酒蛋糕

將橙皮混合至鬆軟麵糊中，再倒入一個個可愛模樣的檸檬形狀烤模中。出爐後塗刷充滿柳橙風味的「君度橙酒」，再披覆柳橙風味的糖霜，完成散發濃濃柳橙香氣的美味蛋糕。

## 1 麵糊倒入烤模中

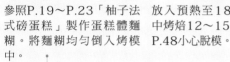

參照P.19~P.23「柚子法式磅蛋糕」製作蛋糕體麵糊。將麵糊均勻倒入烤模中。

## 2 出爐後脫模

放入預熱至180度C烤箱中烤焙12~15分鐘。參照P.48小心脫模。

## 3 塗刷君度橙酒

以刷子沾君度橙酒在剛出爐的蛋糕體上輕輕塗刷1~2次。

## 4 製作糖霜

將糖粉、檸檬汁、橙皮、君度橙酒混合在一起攪拌均勻，調整至軟硬度適中。

---

**增添柳橙風味**
這裡改以**橙皮**取代檸檬皮和柚子皮絲。同樣**將刨絲橙皮、切細碎橙皮和材料混合在一起製作成麵糊**。倒入烤模中約9分滿。

Q 如何確認烤焙完成？

A 麵糊稍微回縮，容易脫模的狀態。

烤焙到均勻上色且**整體略回縮，容易脫模的狀態就可以出爐了**。出爐後立即脫模。

Q 為什麼烤焙出爐後才塗刷君度橙酒？

A 為了讓君度橙酒容易滲透，也為了讓酒精揮發。

蛋糕體放涼後，君度橙酒不容易滲透，**務必趁熱塗刷，才能確實滲透且讓酒精揮發，只留下迷人香氣與風味**。為避免乾燥，塗刷後撒上一些發粉並靜置放涼。

Q 糖霜的軟硬度？

A 以能夠均勻塗抹的軟硬度為基準。

糖霜的軟硬度最好是容易推開且能夠薄薄塗抹在蛋糕體上。**糖霜太硬，容易不小心塗抹得太厚；糖霜太稀軟，可能造成溢流**。

Q 塗抹訣竅？

A 使用抹刀並以輕壓方式塗抹。

均勻且薄薄一層就好。**用抹刀以輕輕按壓方式塗抹**，小心不要刮傷蛋糕體。

## 5 塗抹糖霜

以抹刀取糖霜薄薄塗抹在蛋糕體表面。

## 6 裝飾

擺上切碎的橙皮，放入預熱至170度C烤箱中烘乾2分鐘。

Q 為什麼需要烘乾？

A 為了去除多餘的糖霜，使表面糖霜凝固。

**放入烤箱中加熱可以去除多餘的糖霜，使表面糖霜凝固**。請特別留意，烘乾時間過長或溫度太高易造成糖霜沸騰而變得乾巴巴。

剖 面

增加麵糊風味，
披覆巧克力醬

## Cappuccino Cake
### 卡布奇諾蛋糕

即溶咖啡搭配香氣濃郁的細研磨深
焙咖啡，打造「濃縮咖啡」般的獨
特芳香與風味。最後再以充滿奶香
的白巧克力和肉桂粉妝點，看起來
宛如一杯「卡布奇諾」。若改用小
型磅蛋糕烤模烤焙，非常適合用來
送禮。

### 烤模準備工作

參照P.47的「事前烤模準備工作」B，在烤模內側塗刷奶油和麵粉備用。

**材料** 直徑16cm咕咕洛夫模（700cm³）
1個分量

### 濃縮咖啡

使用製作濃縮咖啡的深焙咖啡豆，事先研磨成細粉備用。香氣濃郁的特點，非常適合添加在蛋糕、餅乾的麵糊裡，或者製作與牛奶一起熬煮的生菓子。

### 即溶咖啡

使用即溶咖啡增添苦味。可以直接加於麵糊中使用，也可先加水溶解並與奶油攪拌在一起，或者加在塗刷蛋液裡調色。

● 法式磅蛋糕麵糊

| | |
|---|---|
| 無鹽奶油 | 50g |
| 蜂蜜 | 16g |
| 全蛋 | 淨重75g |
| 砂糖 | 50g |
| 發粉 | 2g |
| 低筋麵粉 | 75g |

濃縮咖啡用

| | |
|---|---|
| 細研磨咖啡粉 | 4g |
| 沒有的話 | |
| 可用2g 即溶咖啡代替 | |

即溶咖啡

| | |
|---|---|
| （粉末類型） | 2g |
| 肉桂粉 | 適量 |

● 蘭姆糖漿

| | |
|---|---|
| 砂糖 | 8g |
| 水 | 8g |
| 蘭姆酒 | 8g |

● 披覆

| | |
|---|---|
| 披覆用巧克力 | |
| （白巧克力） | 約80g |
| 咖啡豆、肉桂粉 | |
| | 各適量 |

**烤焙時間**
180度15分鐘→
170度15～20分鐘

## 1 製作麵糊

參照P.19～P.23「柚子法式磅蛋糕」製作蛋糕體麵糊。參照下述作法。

## 2 烤焙・脫模

倒入烤模中，放入預熱至180度C烤箱中15分鐘，調降溫度至170度C再烤焙15～20分鐘。出爐後脫模。

## 3 塗刷蘭姆糖漿

以微波爐煮沸砂糖和水，稍微置涼後加入蘭姆酒。蛋糕體出爐後即塗刷於表面。

## 4 保鮮膜包覆

蛋糕體稍微置涼後，以保鮮膜包覆並靜置熟成。

## 5 披覆

隔水加熱融化白巧克力，以湯匙等舀取並從頂部澆淋。最後擺上咖啡豆和肉桂粉作為裝飾。

**增添咖啡風味**
將低筋麵粉、發粉、濃縮咖啡的咖啡粉、即溶咖啡粉、肉桂粉一起過篩至料理盆中。同樣加入融化奶油和蜂蜜（不添加檸檬皮和柚子皮絲）。

**Q** 脫模時機？

**A** 趁熱脫模。

稍微置涼後，參照P.48於蛋糕體溫熱時輕輕脫模。蛋糕體還熱熱、軟軟的，脫模時格外小心以避免變形破裂。

**Q** 塗刷蘭姆糖漿的訣竅？

**A** 趁蛋糕體還溫熱時塗刷。

趁蛋體還溫熱時塗刷蘭姆糖漿，蛋糕體會比較濕潤，香氣也更加濃郁。

◆可以依個人喜好使用迷你磅蛋糕烤模，但記得調整烤焙時間（以左頁後方的磅蛋糕為例，食譜中的分量可以烤焙3個，以180度C烤箱烤焙25分鐘）。同樣於出爐後塗刷蘭姆糖漿，並於熟成後披覆巧克力醬。

**Q** 熟成訣竅？

**A** 二層包覆，靜置保存。

以保鮮膜確實包覆後再放入密封袋中，可防止乾燥和異味，置於冷藏室裡保存。至少靜置2天以上，口感更加濕潤美味。

參照P.47的「事前烤模準備工作」B，在烤模內側塗刷奶油和麵粉備用。

## 烤模準備工作

**材料**

有邊緣尺寸19cm×8cm
波紋方形烤模（740cm³）
1個分量

### 檸檬蛋糕
### 開心果奶油＆莓果

●法式磅蛋糕麵糊
刨絲檸檬皮 …… 1/2顆分量
無鹽奶油 …………………… 60g
蜂蜜 ……………………………… 20g
全蛋 ………………… 淨重90g
砂糖 ……………………………… 60g
低筋麵粉 ………………………… 90g
發粉 ………………………………… 2g

●櫻桃香甜酒調味酒
櫻桃香甜酒 ………………… 10g
水 ………………………………… 10g

●安格列斯醬奶油霜
每次使用1/3分量
牛奶 ……………………………… 60g
砂糖 ……………………………… 30g
蛋黃 ………………… 1顆分量
無鹽奶油 ………………………… 90g

開心果泥 ………………… 15g

●配料
蔓越莓乾 ………………… 25g
切粗顆粒
切粗顆粒 ………………… 適量
櫻桃香甜酒
冷凍草莓乾碎片 … 2～3g

●裝飾
防潮糖粉 ………………… 適量

**烤焙時間**
180度15分鐘→
180度15分鐘

**法式磅蛋糕麵糊高級篇❸**

麵糊V字切，
填入奶油和餡料夾層

Espresso cake plain cream & rum raisins
## 濃縮咖啡蛋糕　原味奶油＆蘭姆葡萄乾 上

Lemon cake pistachio cream & berries
## 檸檬蛋糕　開心果奶油＆莓果 下

以V字切法切開鬆軟的法式磅蛋糕，鋪上奶油和餡料，做出夾層感覺的華麗蛋糕。一種是綠色開花果奶油搭配莓果；一種是濃縮咖啡風味的蛋糕體搭配原味奶油和蘭姆葡萄乾。兩種都有著令人目不轉睛的漂亮剖面。

### 開心果泥
將新鮮的開心果攪打成漂亮的綠色果泥。也可以直接在烘焙材料行或網路商城購買開心果泥。沒有使用完畢的部分，可以冷凍保存。買不到的情況下，也可以選擇不添加。

### 2種莓果
重點味道來自於蔓越莓乾。開心果和莓果類的味道十分合拍。將莓果切成粗顆粒，再淋上適量的櫻桃香甜酒提升香氣。添加冷凍草莓乾碎片的主要目的是增色增豔，家裡沒有的話也沒關係。

## 1 製作麵糊

參照P.19～P.23「柚子法式磅蛋糕」製作蛋糕體麵糊（不添加柚子皮絲）。以同樣方式烤焙，充分置涼備用。

## 2 製作安格列斯醬

取蛋黃和一半的砂糖充分混拌均勻。取小鍋煮沸另一半砂糖和牛奶，然後取一半分量倒入裝有蛋液的料理盆中並混合均勻。

## 3 移至鍋裡

將2倒回剛才煮沸牛奶和砂糖的小鍋裡，以小火加熱。

## 4 熬煮

加熱時以耐熱橡膠刮刀等攪拌。熬煮至有點稠狀（約82～83度C）後關火（完成安格列斯醬）。

## 5 冷卻

立刻倒入料理盆中並將料理盆置於冰水上，讓安格列斯醬充分冷卻。

## 6 軟化奶油

使用攪拌機將奶油攪打至美奶滋般的柔軟與滑順。

## 7 加入安格列斯醬

分3～4次將冷卻的安格列斯醬倒入6裡面。每一次務必先用攪拌機拌勻。

## 8 乳化

攪拌至乳化就完成安格列斯醬奶油霜。分成3等分（每一份約60g）。

---

Q 靜置一晚比剛出爐時好吃？

A 靜置一晚後不僅較為紮實，也比較容易切片。

出爐後趁熱用保鮮膜包覆，靜置於冷藏室裡一晚。靜置後的蛋糕體口感變得更紮實，也比較容易分切。

Q 奶油霜的軟硬度？

A 入口即化的輕盈奶油霜。

在蛋黃和牛奶製作的安格列斯醬裡加入奶油，混合攪拌成安格列斯醬奶油霜。奶油霜的水分含量高，夾在蛋糕體會有極為輕盈且入口即化的口感。為了方便製作，食譜中的分量稍微多一些，我們只取1/3的分量使用就好。剩餘部分可以冷凍保存。

Q 加熱的重點？

A 小火加熱的同時攪拌至黏稠狀。

火候太強容易造成結塊，以小火邊加熱邊攪拌，大概呈濃湯的感覺就可以了。務必特別留意，加熱不足容易使奶油形成油水分離狀態或產生蛋臭味。

Q 奶油霜的冷卻程度？

A 有冰涼的感覺。

混合奶油的時候，若沒有事先確實冷卻，易造成奶油融化。務必冷卻至有冰涼的感覺，大約15～10度C。

## 9 增添 開心果風味

將開心果泥添加至部分奶油霜裡面，充分攪拌均勻。

## 10 做記號

立起蛋糕體，以鋸齒刀畫V字做記號。

## 11 橫放蛋糕體，沿記號切開

從邊緣斜向進刀，沿著V字角度像鋸東西般慢慢切開。

## 12 分成上下2塊

旋轉180度，對側以同樣方式切開，分割成上下2塊。

## 17 包覆保鮮膜

以保鮮膜包覆，靜置冷藏室一晚。

## 18 最後裝飾

以糖粉作為最後裝飾。先在正中間擺一支尺，然後以糖粉篩罐或濾茶網輕輕撒上糖粉。

**Q** 為什麼需要靜置？

**A** 為了讓蛋糕體和奶油能夠完美融合。

以保鮮膜包覆除了可以調整形狀，也為了讓蛋糕體和奶油充分融合在一起。務必置於冷藏室，至少一個晚上以上。

**Q** 用於製作奶油霜的奶油，軟硬度大概什麼程度？

**A** 能夠以攪拌機輕鬆攪拌的程度。

參照P.11，以攪拌機攪拌至**能夠達到乳化作用的柔軟度**。

**Q** 製作奶油霜的注意事項？

**A** 充分攪拌至些許變白。

**充分攪拌奶油**，有些變白後加入1/3分量的安格列斯醬並混合攪拌均勻。一開始出現分離現象沒有關係，**持續攪拌會開始產生乳化作用**。乳化後再加入剩餘的安格列斯醬，重覆同樣動作。

**Q** 切割蛋糕體的訣竅？

**A** 對稱切割。

先在蛋糕體兩側畫V字做記號。從距離V兩端的1cm處進刀。如果切口太窄，可能無法將全部的奶油霜塗抹在裡面，這一點務必特別留意。

| 13 塗刷調味酒 | 14 塗抹奶油霜 | 15 撒上配料 | 16 覆蓋另一半蛋糕體 |
|---|---|---|---|
|  |  |  |  |
| 將櫻桃香甜酒調味酒的材料混合在一起，並以毛刷沾取塗刷在V字的兩側切割面上。輕輕塗刷，小心不要破壞蛋糕體。 | 如圖所示，以抹刀取開心果奶油霜塗抹於蛋糕體切割面上，單側抹完後再抹另外一側。 | 將切成粗顆粒且淋上櫻桃香甜酒的蔓越莓乾和冷凍草莓乾撒在奶油霜上面。 | 另外一半呈山字形的蛋糕體同樣塗刷調味酒，然後覆蓋於塗抹奶油霜且撒好配料的V字形蛋糕體上。 |

**Q** 為什麼需要塗刷調味酒？

**A** 增添風味與濕潤口感。

塗刷調味酒以增添櫻桃香甜酒風味，**不僅有助於蛋糕體和奶油霜的融合，還可以讓整體口感更加濕潤。**

**Q** 將2塊蛋糕體合在一起的訣竅？

**A** 覆蓋後輕輕按壓。

在山字形蛋糕體上塗刷調味酒後，**顛倒過來並小心覆蓋於V字形蛋糕體上面，輕輕按壓讓2塊蛋糕體貼合在一起。**大力按壓恐造成蛋糕體變形，務必格外小心。

### 製作濃縮咖啡蛋糕　原味奶油＆蘭姆葡萄乾

●法式磅蛋糕麵糊

| | |
|---|---|
| 無鹽奶油 | 60g |
| 蜂蜜 | 20g |
| 全蛋 | 90g |
| 砂糖 | 60g |
| 低筋麵粉 | 90g |
| 發粉 | 2g |
| 濃縮咖啡用 | |
| 細研磨咖啡豆 | 4g |
| 即溶咖啡 | |
| （粉末類型） | 2g |
| 肉桂粉 | 適量 |

●蘭姆酒調味酒

| | |
|---|---|
| 蘭姆酒 | 10g |
| 水 | 10g |

●安格列斯醬奶油霜
每次使用1/3分量

| | |
|---|---|
| 牛奶 | 60g |
| 砂糖 | 30g |
| 蛋黃 | 1顆分量 |
| 無鹽奶油 | 90g |

●配料

| | |
|---|---|
| 葡萄乾 | 35g切粗碎 |

●裝飾

| | |
|---|---|
| 防潮糖粉 | 適量 |

◆同P.30卡布奇諾蛋糕的方式製作麵糊，同樣使用波紋方形烤模。V字形切割後，塗刷蘭姆酒調味酒。

**使用約60g的原味安格列斯醬奶油霜。**撒上切成粗碎葡萄乾後，將2塊蛋糕體貼合在一起。

# Pain de Gêne Coco Ananas
# 基本麵糊
# 椰香鳳梨熱那亞
# 杏仁蛋糕

以大量杏仁片、椰子、鳳梨等食材烤焙充滿多種風情的蛋糕體，
最後再披覆香氣迷人的蘭姆酒糖霜。

基本麵糊 ● 椰香鳳梨熱那亞　杏仁蛋糕

剖面

**材　料**　有邊緣直徑15cm，高5cm的上寬下窄圓形烤模（約710cm³）1個分量

杏仁片（烤模用）
　　　　　　　　　　　　 適量
●熱那亞杏仁蛋糕麵糊
杏仁粉　　　　　　　　 90g
糖粉　　　　　　　　　 45g
蜂蜜　　　　　　　　　 20g
全蛋　　　　　　　 淨重60g
蛋黃　　　　　　　　　 1個
刨絲檸檬皮
　　　　　　　　　　 1/3個分
蛋白　　 1個分（約40g）
砂糖　　　　　　　　　 20g
低筋麵粉　　　　　　　 15g
玉米澱粉　　　　　　　 15g
發粉　　　　　　　　　　2g
無鹽奶油　　　　　　　 50g
●配料
椰子絲條
　（切細碎）　　　　　 10g
鳳梨乾　　　　　　　　 60g

●裝飾
杏桃果醬
　（過篩類型）　　　 約80g
●蘭姆酒調味酒
糖粉　　　　　　　　　 60g
蘭姆酒　　　　　　　 約15g
●點綴用配料
椰子絲條、鳳梨乾、開心果
　　　　　　　　　　 各適量

**烤焙時間**
170度30～35分鐘

### 烤模準備工作

參照P.47的「事前烤模準備工作」D，在烤模內側底部和側面厚塗軟化無鹽奶油（分量外），然後貼滿杏仁片。置於冷藏室裡備用。

**◆用於最後裝飾的　杏桃果醬**
於糕點出爐後薄薄塗刷於表面增加光澤。可於烘焙材料行購買已過篩類型的現成果醬，如果果醬裡有果粒，請事先用濾茶網過篩後使用。

## 1 熱水燙鳳梨乾後切細碎

將麵糊用鳳梨乾放入容器中並注入熱水。浸泡10分鐘使其膨脹，然後撈起來靜置於餐巾紙上30分鐘以上，瀝乾後再切碎。

## 2 融化奶油

奶油放入容器中，以500～600W微波爐加熱20～30秒融化。

**Q** 為什麼需要事先將鳳梨乾泡水膨脹？

**A** 為了讓口感更柔軟。

若直接使用鳳梨乾，口感偏乾且不容易和麵糊黏合在一起，所以事先**泡水軟化膨脹**。另外，為了將鳳梨乾撒滿整個麵糊，事先切碎備用。

**Q** 奶油的溫度？

**A** 大概40～45度C。

冷奶油不容易和麵糊攪拌在一起，所以**融化後保溫備用**。可以使用微波爐或隔水加熱方式。

**步驟 5 的訣竅**
**先倒入一半分量的**
**蛋白霜拌勻**

為了方便加入粉類後容易攪拌，先倒入一半分量的蛋白霜大致攪拌一下。**在這個步驟中沒有確實拌勻也沒關係。**

## 3 製作麵糊

杏仁粉、糖粉、蜂蜜、全蛋、蛋黃、刨絲檸檬皮全部倒入料理盆中，以手持攪拌機中速運轉攪拌均勻。

## 4 製作蛋白霜

取另外一只料理盆，倒入蛋白打發。打發過程中分2次添加砂糖。

## 5 加入蛋白霜①

取一半分量的蛋白霜加入3的麵糊裡，以橡皮刮刀大致攪拌一下。參照上述作法。

## 6 過篩粉類

將低筋麵粉、玉米澱粉、發粉直接過篩至5的料理盆中。

Q 麵糊要打發至什麼程度？

A 打發至有些變白。

**打發至有些變白且變稠就夠了。**這是烤焙後口感是否鬆軟的關鍵。

Q 蛋白霜要打發至什麼程度？

A 打發至尖角挺立。

**關鍵在於分2次添加砂糖。**先打發蛋白，開始有分量感後添加一半砂糖，再稍微打發一下後加入另外一半砂糖。**確實打發至尖角挺立的堅硬蛋白霜。**

Q 為什麼需要添加玉米澱粉？

A 為了打造輕盈感和咬感。

**低筋麵粉和玉米澱粉各一半的分量，可以讓蛋糕體充滿輕盈感和Q嫩咬感。**

×失敗範例1　**麵糊沒有膨脹**

●原因　　**過度攪拌**
　　　　　**導致蛋白霜消泡。**

麵糊攪拌方式會影響膨脹程度。務必細心攪拌，勿讓蛋白霜過度消泡，這樣麵糊才能順利膨脹。**加入融化奶油時也容易造成消泡，千萬注意不要過度攪拌。**

○ ╳

| 7 混合攪拌 | 8 加入蛋白霜② | 9 倒入 奶油和配料 | 10 混合攪拌 |
|---|---|---|---|

| 整體大致混合攪拌在一起。 | 倒入剩餘的蛋白霜攪拌均勻。參照下述作法。 | 倒入步驟2的融化奶油、切碎的椰子絲條、鳳梨乾。 | 以從底部向上撈取的方式攪拌均勻。 |
|---|---|---|---|

---

Q　攪拌的訣竅？

A　**以從底部向上撈取的方式，攪拌均勻。**

粉類容易沉在底部，使用橡皮刮刀以從料理盆底部向上撈取的方式攪拌。攪拌至沒有粉末感就OK了。

**步驟 8 的訣竅**

**細心混合攪拌**
用橡皮刮刀細心地以從底部向上撈取的方式將整體攪拌均勻，盡量小心不要擠破氣泡。攪拌至還留有一些筋性就OK了。

Q　為什麼需要加熱奶油？

A　**為了讓麵糊和奶油容易混拌在一起。**

奶油溫度太低，不容易與麵糊混合在一起，也會造成蛋白霜過度消泡，進而影響麵糊的膨脹。添加之前請先確認融化奶油的溫度（45度C左右），**溫度太低時，加熱後再使用。**

Q　混合融化奶油和麵糊的訣竅？

A　**確實混合就好，注意不要攪拌過度。**

融化奶油比較重，容易沉至底下，請務必**確認上層和下層都混合均勻。**感覺融化奶油確實混合均勻就OK了。另外，奶油的油脂易造成蛋白霜消泡，攪拌時**細心且適度就好，千萬不要過度攪拌。**

步驟 12 的訣竅

**保鮮膜包覆，靜置熟成**

稍微放涼後，以保鮮膜緊緊包覆並放入密封袋中。時間充裕的話，建議靜置1～2天熟成後再做最後裝飾。

× 失敗範例 2

## 無法均勻塗抹果醬

●原因

**果醬未能完全溶解，或者多層塗抹。**

製作果醬時，添加果醬分量兩成的水，並且以中火加熱至沸騰使其溶解。另外，**塗抹果醬時，重覆且多層塗抹容易造成外觀凹凸不平。**

---

## 11 倒入烤模

將麵糊倒入烤模裡，放入預熱至170度C烤箱中烤焙30～35分鐘。

## 12 出爐

出爐後參照P.48輕輕脫模，靜置放涼。參照上述作法。

## 13 製作裝飾用的果醬

將杏桃果醬和水以5：1的比例混合在一起，以中火邊攪拌邊加熱至沸騰。

## 14 塗抹果醬

果醬趁熱以毛刷快速塗抹於蛋糕體頂部和側面，均勻且薄薄塗抹一層。

---

Q 如何讓杏仁碎片不易脫落？

A **於烤模內側厚塗一層奶油，然後再貼上杏仁片。**

**稍微將奶油塗抹得厚一些**，貼好杏仁片後置於冷藏室冷卻。

Q 如何確認烤焙完成？

A **確認烤色和蛋糕體彈性。**

蛋糕體整體呈豆皮色，輕觸中央部位有Q彈感覺。除此之外，以竹籤插入蛋糕體時沒有麵糊沾附。若各種條件都符合，代表蛋糕體烤焙完成。

Q 熬煮溶解果醬的注意事項？

A **將杏桃果醬和水以5：1的比例混合熬煮。**

水量添加依果醬的使用量而有所不同，確實遵守果醬和水的**比例為5：1就OK了。**務必熬煮至沸騰，讓果醬完全溶解成液體。

Q 美麗裝飾的訣竅？

A **趁果醬溫熱時，均勻塗刷於蛋糕體上。**

**刷毛盡量靠近蛋糕體，均勻地輕輕刷過，薄薄一層就好，不要來回反覆塗刷。果醬冷卻凝固時，請於加熱後再使用。**直接塗刷逐漸凝固的果醬，可能會塗抹得過厚，也容易使表面變得凹凸不平。

✕失敗範例3
## 無法順利塗抹糖霜

●原因
**糖霜太硬，
不容易延展塗抹。**

糖霜太硬，不容易塗抹；太稀
軟，容易被蛋糕體吸收。除此之
外，塗抹得太厚可能會過甜。**糖
霜塗抹在果醬上會形成分層效
果**，只要適度薄薄一層就非常漂
亮。

✕失敗範例4
## 糖霜太稀軟

●原因
**相對於糖粉用量，
添加過多蘭姆酒。**

糖霜太稀軟時容易溢流至底部，
或者被蛋糕體吸收，這一點務必
特別留意。如果糖霜太稀軟，添
加一些糖粉調整濃度。

---

**15** 製作
蘭姆酒糖霜

**16** 塗抹蘭姆酒
糖霜

**17** 裝飾

**18** 烘乾

將糖粉和蘭姆酒混合在一
起，製作蘭姆酒糖霜。

待14的杏桃果醬凝固後，
於蛋糕體頂部和側面塗抹蘭
姆酒糖霜。

在蛋糕體底部邊緣撒一圈椰
子絲條，頂部則隨意撒些鳳
梨乾和開心果。參照下述作
法。

放入預熱至170度C烤箱中
2分鐘左右，烘乾糖霜。

---

**Q** 蘭姆酒糖霜的軟硬度？

**A** 連續垂落的狀態最為理想。

撈起糖霜連續垂落，而不是一滴滴掉落的軟硬度。**糖霜太硬
時，添加少量蘭姆酒調整軟硬度。**

**Q** 塗抹糖霜的訣竅？

**A** 抹刀盡量平行於蛋糕體表面，
以輕壓延展方式塗抹。

先從頂部開始，然後才是側面。小心不要刮傷底下的果醬，
**盡量讓抹刀平行於蛋糕體，然後以輕壓延展的方式**均勻且薄
薄塗抹。

**步驟 17 的訣竅**

**直接使用鳳梨乾
作為最後妝點**
直接使用鳳梨乾做最後妝
點，無須事先泡水備用。

**Q** 為什麼
需要烘乾？

**A** 為了打造透明感，
讓整體更顯華麗。

放入烤箱加熱烘乾可以使表
面糖霜變透明，增加晶瑩剔
透的華麗感。但注意烘乾時
間過長可能導**致糖霜沸騰。**

水果夾層，
糖霜披覆，輕鬆完成
Marguerite Orange
# 金桔柳橙
# 瑪格麗特蛋糕

使用基本熱那亞杏仁蛋糕麵糊，添加柳橙風味且使用可愛的瑪格麗特蛋糕模烤焙，一款色香味俱全的金桔柳橙瑪格麗特蛋糕。蛋糕裡有糖漬金桔夾層，除了美觀，帶點清爽的柑橘酸味也增加多樣化口感。僅頂部塗抹君度橙酒糖霜，適度控制甜味。

剖面

### 烤模準備工作

參照P.47的「事前烤模準備工作」D，在烤模內側底部和側面厚塗軟化無鹽奶油（分量外），然後貼滿杏仁片。置於冷藏室裡備用。

**材料** 有邊緣直徑17cm的
　　　 瑪格麗特蛋糕模
　　　 （約700cm³）1個分量

杏仁片（烤模用） …… 適量

●熱那亞杏仁蛋糕麵糊
杏仁粉 ………………… 90g
糖粉 …………………… 45g
蜂蜜 …………………… 20g
全蛋 ……………… 淨重60g
蛋黃 ………………… 1個分
刨絲柳橙皮 ……… 1/3個分
蛋白 …… 1個分（約40g）
砂糖 …………………… 20g
低筋麵粉 ……………… 15g
玉米澱粉 ……………… 15g
發粉 …………………… 2g
無鹽奶油 ……………… 50g

糖漬金桔 ………… 4～5個
　 參照 P.71作法或直接使用
　 市售糖漬金桔

●君度橙酒糖霜
糖粉 …………………… 40g
君度橙酒 …………… 約10g
　 亦可使用白柑橘酒或柑曼怡
　 香橙干邑甜酒取代

●裝飾配料
糖漬金桔（參照P.71作法或直
　 接使用市售糖漬金桔）、開心
　 果、防潮糖粉 …… 各適量

**烤焙時間**
170度30～35分鐘

## ●製作麵糊

參照P.37～P.39製作熱那亞杏仁蛋糕麵糊。以柳橙皮取代檸檬皮，不添加鳳梨乾和椰子。

**事前準備重點**
**瀝乾配料**
將糖漬金桔倒在瀝水盤上瀝乾水氣，每一顆切成3～4等分的圓形片狀。排列在廚房餐巾紙上晾乾30分鐘以上備用。

**步驟 4 的訣竅**
**利用烤模的活動底部撒上糖粉**
將烤模活動底部或圓形紙板置於蛋糕體中央，以糖粉篩罐或濾茶網撒上防潮糖粉。最後小心移除底板。

---

**1 排列金桔**

**2 夾層**

**3 塗抹 君度橙酒糖霜**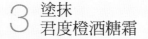

**4 裝飾**

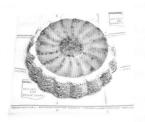

**1** 在準備好的烤模裡倒入220g麵糊，並將金桔排列於中間。

**2** 在金桔上面倒入剩餘麵糊。放入預熱至170度C烤箱中烤焙30～35分鐘，參照P.48小心脫模。以保鮮膜密封並靜置1天熟成。

**3** 混合糖粉和君度橙酒，製作質地柔軟的君度橙酒糖霜，塗抹於蛋糕體頂部。放入預熱至170度C烤箱中烘乾2分鐘，置涼。

**4** 邊緣和側面撒上糖粉。以切片金桔和開心果裝飾。參照上述作法。

---

 夾層配料的處理方法？

 切成薄片。

厚切或塊狀配料容易沉入底部，建議**切成薄片且分散鋪於麵糊上**。配料潮濕容易導致蛋糕體烤焙時半生不熟，訣竅在於**事先確實瀝乾**。另外，夾層配料盡量擺在中間，不要頂到烤模四周圍，避免烤焙後突出於蛋糕體外。

 如何確認烤焙完成？

A 輕壓蛋糕中間，有Q彈感覺就OK了

**整體均勻上色，輕壓中間有Q彈感覺，而且蛋糕體稍微脫離烤模**（稍微回縮），符合這些條件即可準備出爐。

◆**使用直徑7cm的小型瑪格麗特蛋糕模時**，同樣的食譜分量可以製作10個。但烤焙時間必須調整為17～20分鐘。

 塗抹糖霜的訣竅？

A 使用抹刀薄薄塗抹於蛋糕體頂部。

蛋糕體稍微放涼後，以保鮮膜密封並置於冷藏室或陰暗處1天以上。**混合糖粉和君度橙酒製作糖霜，薄薄塗抹於蛋糕體頂部**。以增減糖粉或君度橙酒來調整糖霜軟硬度。塗抹後放入預熱至170度C烤箱中烘乾2分鐘左右，糖霜凝固後呈現晶瑩剔透的透明感。

製作夾層用蘋果餡料，
再以鮮紅色果醬和糖霜裝飾

*Pain de Gêne au Pomme*

# 蘋果覆盆子
# 熱那亞杏仁蛋糕

覆盆子果泥和糖霜給人鮮紅亮麗視覺印象的
熱那亞杏仁蛋糕。以蘋果和糖漬覆盆子作為
夾層餡料，蘋果的口感搭配覆盆子的酸味，
整體濕潤又順口。

### 烤模準備工作

參照P.47的「事前烤模準備工作」D，在烤模內側底部和側面厚塗軟化無鹽奶油（分量外），然後貼滿杏仁片。置於冷藏室裡備用。

◆參照P.71製作糖漬蘋果和覆盆子，本食譜使用70g。蘋果切塊使用的話，烤焙時容易沉入麵糊底部，建議切成5～6mm薄片。熬煮時確實讓水分蒸發，靜置一晚讓食材均勻入味。食材裡若殘留過多水氣，容易造成麵糊於烤焙時半生不熟。

**材料** 有邊緣直徑16cm花型蛋糕模（約710cm³）1個分量

杏仁片（烤模用）
　………………… 適量
● 熱那亞杏仁蛋糕麵糊
杏仁粉 ………………… 90g
糖粉 …………………… 45g
蜂蜜 …………………… 20g
全蛋 …………… 淨重60g
蛋黃 ………… 1顆分量
刨絲檸檬皮
　……………… 1/3顆分量
蛋白
　……… 1顆分量（約40g）
砂糖 …………………… 20g
低筋麵粉 ……………… 15g
玉米澱粉 ……………… 15g
發粉 …………………… 2g
無鹽奶油 ……………… 50g

● 糖漬蘋果和覆盆子
（取70g使用，製作方法請參照P.71）
紅玉蘋果
　………… 1/2顆（約100g）
覆盆子果泥 …………… 20g
　（蘋果重量的20%）
砂糖 …………………… 15g
　（蘋果重量的15%）
肉桂粉 ………………… 少許
● 紅色果醬
杏桃果醬（過篩類型）
　……………………… 80g
覆盆子果泥 …………… 16g
● 糖霜
糖粉 …………………… 40g
檸檬汁 …………… 8～10g

**烤焙時間** 170度30～35分鐘

---

## 1 倒入麵糊

倒入220g麵糊並鋪平。

## 2 放入糖漬食材

將70g的糖漬蘋果和覆盆子擺在麵糊正中間。

## 3 再次倒入麵糊

倒入剩餘麵糊並鋪平。放入預熱至170度C烤箱中烤焙30～35分鐘。

## 4 脫模

取出蛋糕體，以保鮮膜和密封袋包起來，置於冷藏室熟成1～2天。

---

● 製作麵糊

參照P.37～P.39製作熱那亞杏仁蛋糕麵糊。不添加鳳梨乾和椰子。

**Q** 排列糖漬食材的方法？

**A** 分散排列於麵糊正中間。

以塊狀食材作為夾層的話，烤焙時容易沉入底部，建議切薄片並分散鋪於麵糊上。
另外，夾層食材過濕容易導致蛋糕體半生不熟，務必瀝乾後再使用。盡量將夾層食材擺在麵糊中間，不要頂到烤模四周圍，避免烤焙後突出於蛋糕體外。

**Q** 如何確認烤焙完成？

**A** 輕壓蛋糕體中間，有Q彈感覺就OK了

整體均勻上色，輕壓中間有Q彈感覺，而且蛋糕體稍微脫離烤模（稍微回縮），符合這些條件即可準備出爐。

**Q** 脫模的訣竅？

**A** 傾斜擺放烤模，輕敲側面脫模。

參照P.48傾斜擺放烤模並輕敲烤模側面，將蛋糕體輕輕倒扣在烘焙紙上。稍微置涼後，以保鮮膜包覆並置於冷藏室或陰涼處熟成1天以上。

剖 面

步驟 6、7 的訣竅

**果醬和糖霜都薄薄一層**
讓整個刷毛盡量貼近蛋糕體,依序塗抹頂部和側面,**薄薄一層就好。**由於要塗抹果醬和糖霜共二層,所以**每一層都薄薄的就好,而且要塗抹均勻。**礙於蛋糕體的形狀,果醬和糖霜容易集中在中心部位,這一點務必多加留意。

## 5 熬煮果醬

鍋裡倒入杏桃果醬和覆盆子果泥,以中火加熱至沸騰,熬煮至液體狀。

## 6 塗抹果醬

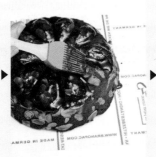

毛刷盡量貼近蛋糕體,整體薄薄塗抹一層。參照上述作法。

## 7 塗抹糖霜

充分混合糖粉和檸檬汁,製作質地柔軟的糖霜,然後整體薄薄塗抹一層。參照上述作法。

## 8 烘乾

放入預熱至170度C烤箱中烘乾2分鐘左右。

---

**Q** 為什麼添加覆盆子果泥?

**A** 為了讓最後的裝飾也能呈現覆盆子的顏色與味道。

蛋糕體夾層有美味的糖漬覆盆子和蘋果,最後的裝飾如果也能呈現覆盆子的美麗顏色和味道,整體更加時尚且吸睛。果醬顏色偏淡時,試著添加少量紅色食用色素。

**Q** 美麗裝飾的訣竅?

**A** 均勻塗抹果醬。

毛刷盡量貼近蛋糕體,快速且均勻地薄薄塗抹一層。若果醬因冷卻而凝固,請再次加熱溶解後使用。毛刷反覆來回塗抹,容易造成表面凹凸不平,這一點特別留意。

**Q** 為什麼需要烘乾?

**A** 放入烤箱中烘乾可以使糖霜在表面形成糖衣,打造晶瑩剔透的透明感。

烘乾時間過長易導致糖霜沸騰,一發現有沸騰跡象,請立即取出蛋糕。烘乾後立即放入容器中避免乾燥,**置於陰涼處或冷藏室裡保存。**參照上述作法。

# ● 烤模準備工作

將麵糊倒入烤模並烤焙時，為了輕鬆且漂亮脫模，務必事先做好烤模準備工作。準備方式依照烤模形狀和糕點麵糊種類而有所不同。

## A 塗刷奶油⋯費南雪金磚蛋糕麵糊等

以手指或毛刷取軟化奶油塗刷在烤模內側的每個角落，置於冷藏室使奶油冷卻凝固備用。

為了均勻塗刷在烤模內的每個角落，選擇刷毛非矽膠材質的毛刷。

## B 塗刷奶油後撒粉⋯法式磅蛋糕、奶油蛋糕

以手指或毛刷取軟化奶油塗刷在烤模內側的每個角落，置於冷藏室使奶油冷卻凝固（這時直接撒粉容易被融化奶油吸收，造成烤模內沾上太多粉類）。奶油冷卻凝固後，於烤模內側撒麵粉，倒扣於烘焙紙上並輕敲以去除多於麵粉。再次放入冷藏室裡冷卻備用。

往各個角度傾斜烤模，使麵粉能夠均勻沾附在整個烤模內側。

以烤模輕敲檯面，去除多餘麵粉。麵粉太厚會導致糕點美味減半。

## C 鋪上一層烘焙紙⋯以磅蛋糕烤模烤焙奶油蛋糕等

裁剪一張適合烤模底面積和高度的烘焙紙，在四個角落裁剪切口並密合地鋪於烤模內側。若覺得不夠服貼，以奶油當膠水，將烘焙紙黏貼於烤模上。

沿著烤模形狀，先在烘焙紙上折出記號。

以剪刀沿著記號裁切。

## D 厚塗奶油，貼上杏仁片

以毛刷沾取軟化奶油厚塗於烤模內側，再將杏仁片或杏仁碎倒入烤模裡，透過傾斜、旋轉讓杏仁片黏在烤模內側，最後將烤模倒扣以去除多餘杏仁片。切記不要用敲打方式（敲打會使黏貼在內側的杏仁片掉下來）。置於冷藏室使奶油凝固並固定杏仁片。

厚塗奶油。

轉動烤模使杏仁片黏貼在內側。

---

### ◎製作塔類麵糊基本上不需要事前烤模準備工作

法式甜塔皮和法式酥脆塔皮含油量高，含水量少，烤焙時麵糊不易沾黏於烤模內側，因此不需要特別進行事前烤模準備工作。但製作法式酥脆塔皮時，若使用無塗層塔模，或者一些特殊餡料，可能還是容易發生麵糊沾黏現象，建議先於內側薄薄塗刷一層奶油。

### ◎準備烘焙紙或烤墊作為塔圈底部

使用塔圈時，底下鋪一張大於塔圈的烘焙紙，倒入麵糊後，連同烘焙紙一起放入冷藏室裡發酵，之後再連同烘焙紙一起置於烤盤上烤焙。或者僅將塔圈和麵糊移至鋪有洞孔烤墊或烘焙紙的烤盤上。

洞孔烤墊呈網狀，不需要額外在塔底戳洞。另外也因為有助於去除多餘油脂、散發蒸氣，烤焙後的口感會比使用烘焙紙來得酥脆。

## ● 脫模的方法

無論烤焙得再完美，如果無法順利脫模，真的會令人感到無比沮喪。
最理想的方法便是斜放烤模，然後慢慢脫模。
出爐後立即脫模，或者稍微置涼後脫模。

### ◆烤模事先塗抹奶油和麵粉，或者塗抹奶油並黏貼杏仁片的情況

在熱那亞杏仁蛋糕教學影片中
介紹脫模方法。

**1**

自烤箱取出後，置涼數分
鐘（完全冷卻後反而不容
易脫模）

**2**

蛋糕體稍微回縮，與烤模
產生空隙後即可脫模。緊
黏著烤模的部位，用戴著
隔熱手套的手指輕輕將蛋
糕體往內按壓並拉開。

**3**

斜放烤模，從底部輕輕敲
打。邊旋轉烤模邊輕輕敲
打。

**4**

讓蛋糕體藉由自身重量從
上方慢慢脫離烤模。維持
傾斜角度並輕輕敲打，蛋
糕體自然慢慢移位。

**5**

將蛋糕體連同烤模倒扣在
砧板或托盤上，輕輕拿起
烤模就完成了。

## ● 烤模選擇

就算是同樣形狀的烤模，也會因為不同材質、有無塗層而有些許細微差異。
了解各種烤模的優缺點，然後依照自己的需求挑選。

### ◆矽膠製 vs 金屬製

瑪德蓮小蛋糕烤模和費南雪金
磚蛋糕烤模的形狀一模一樣，
但有些是矽膠材質，有些是金
屬材質。金屬材質導熱快，烤
色比較均勻漂亮，但需要多花
點時間在事前準備與保養上。
至於矽膠材質的烤模，事前只
需要在內側塗刷薄薄一層奶
油，而且保養也相對簡單，但
缺點是烤色淡且容易斑駁不均
勻。**抹茶類蛋糕不需要濃郁烤
色，適合使用矽膠材質烤模。**

### ◆塔圈 vs 活動式圓底塔模（菊花模）

使用塔圈時，麵團直接置於烤
盤上，底部相對酥脆且充滿香
氣，但因為沒有底盤，移動時
容易造成變形，對初學者來說
似乎有點困難。至於活動式
圓底塔模，由於頂部斜角向外
張開，容易鋪平麵團，也方便
移動，但缺點是側面有波浪造
型，清洗上較為費時費力。

### ◆烤模巧思

本書使用各式各樣的烤模，但
讀者可以依照個人喜好選擇其
他類型的烤模，**只要體積相
同，便能參照食譜分量製作
蛋糕。**建議使用「**在烤模裡
注水，量測水的重量（＝體
積）**」的方法估算烤模體積。
如果體積不相同，也可以**透過
烤模體積比來計算麵糊分量。**
體積不同的情況下，切記烤焙
時間也必須跟著改變，請依實
際烤焙狀況進行調整。

**※食譜分量換算範例**
使用磅蛋糕烤模（670cm³）的食譜
使用家裡現成的磅蛋糕烤模（注入340g的水＝大約340cm³）時
體積比為2：1，所以將食譜中所有食材的分量都減半。
但烤焙時間並非也減半，而是依照**實際烤焙狀況進行調整**（大約是原
本所需時間的70～80％）。

※本書為了方便大家使用自己喜歡或現有的烤模，所有食譜分量皆以
體積表記，供大家自行計算比例。

## 麵團、常溫甜點的保存方法

好不容易費盡心力烤好蛋糕，當然也希望讓美味持續到最後一刻。或者將準備好的麵團先暫時保存起來，等到想吃的時候，可以立刻烤焙立刻吃。接下來為大家介紹如何冷藏、冷凍的訣竅。

### ◆麵團保存方法

法式甜塔皮和法式酥脆塔皮等塔類糕點，以及杏仁奶油餡（P.92），適合以冷凍方式保存。先以塑膠袋或保鮮膜包覆，再放入密封袋中雙重包覆後置於冷凍庫保存。最佳享用期限是2週左右，解凍時改放入冷藏室。法式磅蛋糕、熱那亞杏仁蛋糕麵糊等利用打發蛋液所製作的麵糊、像奶油蛋糕等使用乳化奶油所製作的麵糊，像瑪德蓮小蛋糕和費南雪金磚蛋糕等含水量高的麵糊，這些麵糊都不適合冷凍保存。

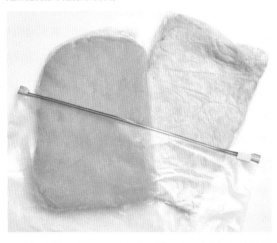

### ◆常溫甜點的保存方法

塔類糕點放入密封容器中，夏季置於冷藏室，其餘季節可置於陰涼處保存。法式磅蛋糕、奶油蛋糕、熱那亞杏仁蛋糕等出爐後靜置1～2天後再食用比較美味，建議進行最後裝飾前，先以保鮮膜包覆並裝入密封袋中，或者放入密封容器中，置於冷藏或冷凍庫保存。解凍時改放入冷藏室。

## ●如何完美分切糕點

建議使用專門分切糕點的鋸齒刀。也可以使用專門分切吐司的麵包刀。

分切時像鋸子般輕輕前後拉動，筆直下刀避免壓壞蛋糕體剖面。刀上有沾黏碎屑時，請先擦拭乾淨後再繼續分切。

蛋糕體上有杏桃果醬或巧克力披覆時，請先在瓦斯爐上稍微溫熱刀子。

# 第 2 章

# 「濕潤綿密入口即化」
# 使用乳化奶油
## 奶油蛋糕麵糊教學

攪拌呈鮮奶油狀的奶油時
，因為逐漸飽含空氣而變白。
接下來教大家活用奶油具有的「乳化性」，
製作濕潤綿密的「奶油蛋糕麵糊」。

································ 使用乳化奶油製作麵糊的重點 ································

## 1

### 將奶油打發攪拌至變白

奶油蛋糕之所以質地鬆軟、口感濕潤，是因為活用奶油的乳化性。務必充分打發攪拌至變白。一開始奶油就融化成液體狀，裡面的空氣會逐漸消失，務必注意不要融化過度。

## 2

### 將蛋液加入奶油時，
### 注意蛋液溫度

蛋液算是水分，冷蛋直接加入奶油裡面會造成奶油的油脂無法乳化，而且變成油水分離。油水分離導致奶油裡的空氣逐漸消失。務必留意蛋液溫度，並且分次倒入奶油裡面，每一次都要確實乳化。

## 3

### 添加糖粉後，攪拌至乳化

在奶油的油脂和蛋液水分尚未穩定結合在一起時加入糖粉，務必確實攪拌至整體乳化（攪拌至滑順的狀態）。攪拌不足導致奶油與麵粉無法充分結合，進而造成蛋糕體質地不均勻，口感乾巴巴。

「濕潤綿密入口即化」

使用乳化奶油，製作濕潤綿密且入口即化的麵糊

## Cake Vanille

## 基本麵糊
## 奶油蛋糕
## 香草蛋糕

**在奶油、砂糖、蛋和麵粉幾乎同比例製作的麵糊中，
加入優質香草豆莢，慢慢烤焙出層次豐富的美味蛋糕。**

○

✕失敗範例1

## 再怎麼攪拌也無法飽含空氣

●原因
**奶油呈液體狀。**

攪拌奶油時，因奶油飽含空氣而逐漸變白，然而**奶油一旦融化呈液體狀，即便再次冷卻也已經不具原有的特性，再怎麼攪拌打發也無法飽含空氣。**

✕

---

### 烤模準備工作

參照P.47的「事前烤模準備工作」C，在烤模內側鋪好烘焙紙備用。

---

**材料** 有邊緣尺寸17cm×8cm磅蛋糕烤模（670cm³）1個分量

●奶油蛋糕麵糊
| | |
|---|---|
| 無鹽奶油 | 90g |
| 砂糖 | 90g |
| 全蛋 | 淨重90 |
| 低筋麵粉 | 100g |
| 發粉 | 2g |
| 香草豆莢 | 約3cm |

●裝飾
| | |
|---|---|
| 杏桃果醬（過篩類型） | 60g |
| 開心果（切粗碎） | 適量 |
| 防潮糖粉 | 適量 |

**烤焙時間** 180度20分鐘→170度20～30分鐘

---

## 1 軟化奶油

奶油置於室溫（約25度）下軟化備用（參照P.11）。

## 2 雞蛋打散

雞蛋也置於室溫（約25度）下回溫，充分打散備用。蛋液太冷、蛋黃和蛋白未充分拌勻，這些情況容易造成油水分離。

---

 如何讓雞蛋快速回溫？

 雞蛋連殼浸泡在熱水裡。

冬天急用時，將雞蛋浸泡在40度C左右（約泡澡的溫度）的熱水裡約20分鐘。或者將蛋液裝在料理盆中，邊打散邊以小火加熱或隔水加熱。將打散的蛋液裝在容器裡，以微波爐加熱，**每次加熱5秒**，稍微攪拌後再次加熱數秒，然後重複數次，這種方法也OK。但無論使用哪一種方法，都務必注意勿加熱過度。

Q 如何讓奶油快速軟化？

A 冬季或急用時，微波加熱軟化。

**放入容器裡，以微波爐加熱5～10秒，攪拌成美乃滋狀態，**如果還是很硬，視情況再加熱數秒。**注意不要加熱成液體狀。**

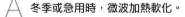

●原因　　　攪拌不足所致。

攪拌不足夠，整體偏黃。在這個步驟中若沒有充分攪拌奶油至飽含空氣，**加入全蛋後容易產生油水分離現象，烤焙後的蛋糕體略顯厚重。**

## 3 添加香草豆莢

以刀子尖端剖開香草豆莢，再以刀背取出內側的香草籽，放入裝有奶油的料理盆中。

## 4 攪拌奶油至乳化

以中速運轉的手持攪拌機充分攪拌3至飽含空氣。奶油一旦飽含空氣就會逐漸變白。

## 5 添加砂糖

分2次添加砂糖，每一次都要充分拌勻。

## 6 攪拌

充分攪拌至奶油飽含空氣。

---

Q 沒有香草豆莢時？

A 可使用烘焙用香草。

以少量「香草精」、「香草莢醬（不含香草豆莢）」取代。或者甩3小滴人工香草精。

Q 為什麼需要充分攪拌奶油和砂糖？

A 為了讓麵糊的質地更鬆軟細緻。

先攪拌奶油，然後**分2次添加砂糖，攪拌至整體顏色變白，透過奶油的「乳化性」使奶油飽含空氣，烤焙後的口感才會鬆軟濕潤。**加入發粉後會膨脹，導致質地變得不均勻且產生氣泡，所以在這個階段務必攪拌均勻。

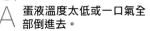

× 失敗範例 3

## 油水分離

●原因

### 將蛋液一口氣全部倒進去

將蛋液倒入乳化奶油時，一口氣全倒進去容易造成奶油的油脂和蛋液的水分無法充分混合在一起，進而產生油水分離現象。**務必少量添加，充分攪拌後再倒入第二次、第三次。**

---

## 為什麼需要乳化？

加入蛋液後產生油水分離現象，但隨著攪拌會慢慢「乳化」。沒有充分攪拌就加入蛋液，或者一口氣全部倒進去，都容易造成油水分離且讓空氣跑光。一旦麵糊沒有飽含空氣，烤焙後的口感會略顯厚重。

---

### 7 添加蛋液

取1/4恢復室溫的蛋液倒入6裡面，以低速～中速運轉的手持攪拌機攪拌。

### 8 油水分離狀態

攪拌後一度出現奶油和蛋液無法混合在一起的現象，亦即油水分離的狀態。

### 9 乳化

繼續攪拌會慢慢恢復滑順的鮮奶油狀。這個狀態稱為乳化。

### 10 全蛋混合完成

將剩下的蛋液分3次倒進去，每一次都要充分攪拌使其乳化。

---

Q 為什麼分批添加蛋液？

A 為了容易攪拌均勻。

蛋液含有水分，一次全部添加恐導致蛋液和奶油的油脂無法充分結合（無法乳化），進而產生油水分離現象。**訣竅在於分批添加，每次都以低～中速運轉的攪拌機充分攪拌均勻。**

Q 什麼是奶油蛋糕麵糊的「乳化」？

A 將蛋液（水分）加入奶油（油脂）裡面，充分攪拌至滑順的狀態。

**將蛋和砂糖拌勻的蛋液（水分）與奶油的油脂充分混合拌勻的狀態。由於飽含空氣，烤焙後的口感格外鬆軟。**

Q 油水分離的原因？

A 蛋液溫度太低或一口氣全部倒進去。

**奶油太硬（溫度太低），或者直接使用冷蛋。沒有分批添加，或者每**次添加時都未能確實混合均勻。這些情況都可能造成油水分離。

Q 始終無法解決油水分離的情況時？

A 加入少許麵粉攪拌。

試著以橡皮刮刀取一小撮之後要添加的麵粉，然後以攪拌機攪拌均勻。麵粉吸收水分，應該能夠解決油水分離的問題。還是有一點油水分離現象時，再試著添加少許麵粉。視情況斟酌添加麵粉。

**以橡皮刮刀輕壓**

**攪拌至乳化**

雖然粉類終於混合在一起，但並非所有食材都充分均勻混合（尚未乳化）。這時候直接烤焙的話，不僅質地粗糙，口感也顯得乾巴巴。

**步驟 13 的訣竅**

**添加其他配料的時機**

搭配使用果乾等固體狀配料時，建議於攪拌過程中添加。將麵糊攪拌至最佳狀態後才添加的話，為了再次拌勻恐造成麵糊攪拌過度。這一點務必特別留意。

**步驟 11 的訣竅**

過篩麵粉時，以橡皮刮刀輕壓篩網裡的麵粉。添加可可粉、咖啡粉、抹茶粉的情況，也在這個步驟中一起過篩。

---

| 11 過篩粉類 | 12 混合攪拌均勻 | 13 攪拌至無粉末感 | 14 繼續攪拌 |
|---|---|---|---|
|  |  |  |  |
| 將低筋麵粉、發粉等一起過篩至料理盆中。參照上述作法。 | 以橡皮刮刀大幅度混合攪拌均勻。 | 整體攪拌均勻至無粉末感。參照上述作法。 | 繼續攪拌至滑順的鮮奶油狀。 |

---

Q 攪拌訣竅？

A 以由下往上撈取的方式攪拌。

粉類容易沉入底部，**使用橡皮刮刀以從料理盆底部往上撈取的方式大幅度攪拌。** 攪拌的同時將料理盆往身體側轉動，有助於提升攪拌效率。

Q 攪拌至什麼程度？

A 攪拌至滑順的鮮奶油狀。

**將粉類混合均勻並進一步攪拌至整體呈滑順的鮮奶油狀（乳化）。** 充分攪拌均勻才能烤焙質地細緻且口感濕潤的蛋糕。注意攪拌過度會造成小麥麵粉形成過多麵筋而使口感變黏稠且厚重。

×失敗範例4　**質地粗糙乾癟**

●原因　　　**粉類攪拌程度不足。**

混合粉類時，即便粉類終於混拌在一起，但由於所有食材尚未充分均勻混合（尚未乳化），直接放入烤箱中烤焙只會造成質地粗糙，口感乾巴巴。但也務必留意，攪拌過度反而使口感變厚重。

## 15　倒入烤模

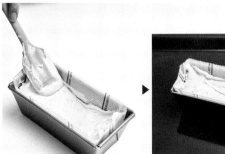

將麵糊倒入烤模中。

## 16　烤焙

將烤模置於烤盤上，放入預熱至180度C的烤箱中烤焙20分鐘，調降溫度至170度C，繼續烤焙20～30分鐘。

## 17　確認烤焙狀態

確認麵糊中間是否熟透。

## 18　脫模

稍微置涼後，傾斜烤模以取出奶油蛋糕。

---

Q 倒入烤模裡的方法？

A 讓中間部位的麵糊稍微向下凹陷。

**火候難以穿透烤模中心部位，建議讓中心部位的麵糊稍微向下凹陷**，有助於麵糊更容易熟透。另一方面，為了讓蛋糕體膨脹呈現山的形狀，**倒入麵糊時左右兩側要均勻，中間部位則稍微向下凹陷**。

Q 烤焙訣竅？

A 務必遵照烤焙時間，確實烤到熟透。

首先，**以180度C烤焙20分鐘，讓麵糊膨脹，然後調降至170度C繼續烤焙20～30分鐘**。火候不容易穿透麵糊，烤焙過程中必須調降溫度，多花點時間慢慢烘烤，才能烤熟又避免烤焦。另外，**為了均勻上色，減少烤色斑駁的情況，建議在烤焙過程中將烤模前後對調**。

Q 如何確認烤焙完成？

A 以竹籤插入蛋糕體。

整體均勻上色，**輕壓中間有Q彈感覺的狀態**，以竹籤等插入蛋糕體中，竹籤沒有沾黏麵糊即可出爐。

Q 脫模後的處理方式？

A 以保鮮膜包覆。

**趁熱以保鮮膜包覆**，避免乾燥。置於陰涼處或冷藏室裡保存。靜置1～2天，蛋糕更加濕潤且美味。

✕ 失敗範例 5

## 果醬塗抹得太厚

●原因

**反覆塗抹太多次。**

塗抹好幾層，或者反覆重新塗抹，導致果醬愈來愈黏稠厚重。另外，**使用刷毛以拍打方式塗抹，也容易造成果醬凹凸不均勻。**

**步驟 21 的訣竅**

**讓開心果的顏色更鮮豔**

挑選呈鮮豔綠色的開心果。將1～2顆開心果和少許水一起放入小容器中，以微波爐稍微煮沸後切粗碎，開心果呈現鮮綠色。

---

## 19 熬煮果醬

加熱煮沸並溶解杏桃果醬。

## 20 塗抹果醬

以毛刷取果醬塗抹在奶油蛋糕頂部。

## 21 裝飾

擺上切碎的開心果。參照上述作法。

## 22 撒糖粉

使用糖粉篩罐或濾茶網將防潮糖粉撒在蛋糕體兩側。

---

Q 加熱溶解果醬的注意事項？

A 以中火加熱煮沸。

將過篩後的果醬（參照P.40）倒入小鍋裡，加入1/5果醬重量的水。以中火加熱至整體沸騰，過程中不斷攪拌以避免燒焦，熬煮至果醬完全呈液體狀。以微波爐加熱也OK。

Q 塗抹果醬的訣竅？

A 刷毛盡量平行於蛋糕體表面，快速延展塗抹。

**趁果醬溫熱時快速塗抹。**將果醬倒在蛋糕體頂部後，讓**刷毛盡量平行於蛋糕體**，然後快速且均勻地延展塗抹。

Q 撒糖粉的方法？

A 盡量靠近預計撒糖粉的部位。

為了不覆蓋開心果的重點裝飾部位，只將糖粉撒在蛋糕體邊緣。局部撒糖粉的情況下，將糖粉篩罐或濾茶網**盡量靠近預計撒糖粉的部位**。若只是局部撒糖粉，建議準備一個糖粉篩罐會比較方便。

# 奶油蛋糕麵糊應用重點

## 1
### 出爐後塗刷
### 濃郁香氣的利口酒

讓利口酒滲透至蛋糕體裡面，風味十足且口感濕潤。香橙類蛋糕搭配君度橙酒或柑曼怡香橙干邑甜酒、栗子類蛋糕搭配蘭姆酒或干邑白蘭地，依不同風味的麵糊選擇適合的利口酒。塗刷利口酒時，不需要以水稀釋，直接使用原液，不僅容易滲透，酒精揮發後才能保留迷人香氣（製作成糖漿時則稍微稀釋）。利口酒滲透至蛋糕體後，立即以保鮮膜包覆並置於陰涼處保存。

## 2
### 妥善保存，
### 熟成後食用

製作奶油蛋糕時，最好於烤焙出爐後靜置熟成2～3天，讓味道確實滲透至蛋糕體裡面，口感更加濕潤綿密。為避免乾燥，先用保鮮膜密封，然後裝入密封袋或密封容器中，置於陰涼處或冷藏室裡保存。夏季可保存4～5天，冬季可保存1星期。冷凍保存時，雙重密封還能有效隔絕冷凍臭味。希望一次只解凍一、二片時，建議事先切片並分開以保鮮膜包覆後再冷凍。
冷凍保存約2
星期。

## 3
### 熟成後再收尾裝飾
### 最為理想

最理想的收尾裝飾時間是享用之前。出爐後確實密封、保存並靜置熟成，於享用之前再進行最後的收尾與裝飾。如果先進行塗抹果醬、糖霜等收尾作業，然後再以保鮮膜包覆並靜置熟成，數天後可能發生果醬融化或糖粉沾附於保鮮膜上等情況，最好是熟成後再收尾。建議享用之前或送禮之前再開始進行收尾與裝飾。

## 4
### 配料沉入麵糊底部時

大家是否曾經遇過蛋糕切片後，發現配料沉入底部？最主要的原因是配料過大過重，導致水分含量多。麵糊於烤焙過程中會一度液體化，因此較重或含水量高的配料容易沉入底部。若擔心發生這種情況，建議將配料切細切小，或者撒上一些低筋麵粉。也可以像P.60的「蘋果焦糖磅蛋糕」，需要添加大量含水量高且容易下沉的配料時，除了使用低筋麵粉外，也搭配高筋麵粉一起使用，混合2種麵粉有助於支撐配料重量。

## 5
### 混拌含水量高且容易造成
### 半生不熟的配料時

使用罐裝食材或甘露煮等浸漬在汁液裡的水果、冷凍莓果時，若添加在麵糊裡一起烤焙，容易發生水果周圍的麵糊半生不熟的情況。務必事先瀝乾水氣，使用廚房紙巾等包覆食材，確實吸乾水分後再使用。如P.62「粉紅糖霜莓果蛋糕」中的冷凍覆盆子，事前撒些低筋麵粉，能夠有效避免冷凍食材沉入麵糊底部或造成烤焙半生不熟。

## 6
### 盡量不要任意
### 增減食材分量

為了降低甜度或讓口感變輕盈等因素而減少砂糖使用量，恐造成烤焙後的口感變乾燥，或者無法順利膨脹。想要降低甜度時，可以利用不塗抹果醬，僅用糖粉裝飾、添加帶酸味的配料等方法加以調節，建議千萬不要任意減少麵糊本身的食材用量。想讓麵糊口感變輕盈，可以將1～2成的麵粉改為玉米澱粉。想讓蛋糕體濕潤些，則可以將1成的砂糖換成蜂蜜，上述的調整方式是可行的。

烤焙大量內餡
與醬料
Pound cake nuts & caramel
**堅果焦糖磅蛋糕** 上
Pound cake apples & caramel
**蘋果焦糖磅蛋糕** 下

在充滿濃郁香氣的焦糖麵糊裡，添加蘋果和葡萄乾，一款內含豐富餡料的磅蛋糕。由於添加許多醬料和水果，因此使用吸水量高的高筋麵粉。為了突顯焦糖醬的濕潤感與淡淡苦味，訣竅在於要確實熬煮至微焦。另外也建議搭配使用堅果和黑棗等配料。

---

### 烤模準備工作

參照P.47的「事前烤模準備工作」C，在烤模內側鋪好烘焙紙備用。

- - - - - - - - - - - - - - - - - -

**材 料** 有邊緣尺寸17cm×8cm磅蛋糕烤模
（670cm³）1個分量

**◆製作堅果焦糖磅蛋糕時**
堅果焦糖磅蛋糕和蘋果焦糖磅蛋糕同樣使用焦糖醬搭配奶油蛋糕麵糊。而配料部分，以100g切成2cm立方的果乾取代糖漬爐炒蘋果，然後添加以180度C烘焙10分鐘左右且切粗碎的100g核桃或杏仁果。

●糖漬爐炒蘋果和果乾
（製作方式請參照P.71）
紅玉蘋果 … 1.5～2顆
（削皮去核淨重200g）
紅糖、粗糖 …… 12g
草莓乾 ………… 35g
葡萄乾 ………… 35g
卡巴度斯蘋果酒
（蘋果白蘭地）… 15g
●焦糖醬
砂糖 …………… 25g

水 ……………… 15g
鮮奶油 ………… 25g
●奶油蛋糕麵糊
無鹽奶油 ……… 65g
砂糖 …………… 55g
全蛋 ……… 淨重55g
低筋麵粉 ……… 40g
高筋麵粉 ……… 35g
發粉 …………… 2g
●裝飾
卡巴度斯蘋果酒 …… 適量

**烤焙時間** 180度20分鐘→170度25～30分鐘

## 1 製作焦糖醬

參照P.85製作焦糖醬，裝在碗裡並置於室溫下冷卻。

## 2 製作麵糊

參照P.53～P.56製作基本奶油蛋糕麵糊。

## 3 添加醬料和配料

添加焦糖醬、煸炒蘋果和果乾（參照下述「準備配料」）混合攪拌在一起。

## 4 整體混合均勻

整體混合攪拌至配料和焦糖醬均勻結合在一起且麵糊呈焦糖色。

---

**添加焦糖醬和和配料的時機**

這個食譜不添加香草豆莢，**將高筋麵粉、低筋麵粉、發粉過篩至料理盆中，以橡皮刮刀混合攪拌均勻。攪拌至沒有粉末感時（P.56的步驟13）**，加入焦糖醬和配料。

**準備配料**

參照P.71，製作糖漬煸炒蘋果和果乾。靜置一晚入味，讓蘋果的水分確實滲入果乾中。

**確實煸炒蘋果**

蘋果切薄片，吸乾水分以避免烤焙時造成蛋糕體半生不熟。靜置一晚讓果乾和卡巴度斯蘋果酒確實融合在一起，口感更加濕潤柔軟。

Q 製作焦糖醬的訣竅？

A 熬煮至微焦。

焦糖醬加入麵糊後，味道會變淡，所以**熬煮至有點焦味是OK的**。顏色轉為深咖啡色時加入鮮奶油。**焦糖醬充分冷卻後再倒入麵糊裡**。

Q 為什麼添加高筋麵粉？

A 因為麵糊裡有大量水分。

食譜裡添加許多含水量高的配料和焦糖醬時，光靠低筋麵粉無法吸收水分，所以**混合部分高筋麵粉使麵糊更容易熟透**。

## 5 倒入烤模中烤焙

參照P.57將麵糊倒入烤模中，放入預熱至180度C烤箱中烤焙20分鐘，調降溫度至170度C繼續烤焙25～30分鐘。

## 6 出爐

參照P.57脫模，並以毛刷沾取卡巴度斯蘋果酒塗刷蛋糕體頂部。

Q 攪拌程度？

A 攪拌至麵糊呈焦糖色。

整體混合攪拌至配料和焦糖醬均勻混合在一起且**麵糊呈焦糖色**。注意攪拌過度會形成過多麵筋。

Q 烤焙注意事項？

A 確實將蛋糕體內部烤到熟透。

**將麵糊倒入烤模裡時，讓中間部位稍微向下凹陷**。以180度C烤箱烤焙20分鐘，調降溫度至170度C後繼續烤焙25～30分鐘。火候不容易穿透麵糊，因此需要調降溫度後多花點時間慢慢烘烤。

在高含水量的配料上撒粉，
出爐後以粉紅糖霜華麗妝點。

**Pink Icing Berry Cake**
# 粉紅糖霜莓果蛋糕

鮮豔粉紅奪人眼目的一款蛋糕。檸檬風味的輕盈奶油蛋糕麵
糊搭配甜中帶酸的莓果，最後再披覆粉紅色的覆盆子糖霜。
先在高含水量的覆盆子上面撒粉，有效避免水分轉移至麵
糊。厚厚塗抹一層糖霜，讓整體更顯華麗。

*Arrangement avancé*

### 烤模準備工作

參照P.47的「事前烤模準備工作」B，在烤模
內側塗刷奶油和麵粉備用。

**材料** 有邊緣尺寸直徑16cm的淺層
咕咕霍夫模（550cm³）1個分量

●覆盆子餡料
冷凍覆盆子 ……… 40g
低筋麵粉 ……… 適量
蔓越莓乾 ……… 30g
●奶油蛋糕麵糊
無鹽奶油 ……… 70g
刨絲檸檬皮
……… 1/3顆分量
砂糖 ……… 70g
全蛋 ……… 淨重70g
低筋麵粉 ……… 80g

玉米澱粉 ……… 10g
發粉 ……… 2g
●粉紅糖霜
糖粉 ……… 100g
冷凍覆盆子果泥 … 15g
●裝飾
冷凍乾燥草莓（整顆）
冷凍覆盆子乾（整顆）
蔓越莓乾
糖漬玫瑰花瓣（參照
P.71）等 ……… 各適量

◆先將冷凍覆盆子（樹莓，法語為framboise）輕輕剝
碎，無須解凍，可直接使用。冷凍覆盆子泥則必須事先解
凍。

**烤焙時間** 180度20分鐘→170度15分鐘

## 1 準備莓果餡料

在冷凍覆盆子上撒些低筋麵粉。將蔓越莓乾切粗碎備用。

## 2 製作‧烤焙麵糊

參照P.53～P.56製作基本奶油蛋糕麵糊，然後倒入1混合攪拌均勻。倒入烤模並放進烤箱中烤焙。

## 3 脫模

參照P.48脫模，稍微置涼後以保鮮膜包覆，置於冷藏室或陰涼處1天以上。

## 4 製作‧塗抹糖霜

使用糖粉和覆盆子果泥製作糖霜，塗抹於整個蛋糕體上。

---

●製作麵糊

這裡以**刨絲檸檬皮**取代香草豆莢。**將低筋麵粉、發粉和玉米澱粉過篩至料理盆中，以橡皮刮刀混合攪拌均勻。攪拌至沒有粉末感時（P.56的步驟13）**，加入莓果餡料、蔓越莓乾，將所有配料均勻混拌在一起。倒入烤模中並以預熱至180度C的烤箱烤焙20分鐘，調降溫度至170度C後繼續烤焙15分鐘左右。

---

Q 需要事先解凍冷凍覆盆子嗎？

A **直接使用冷凍覆盆子。**

**直接將冷凍蔓越莓切粗碎，然後撒些低筋麵粉備用。使用之前持續置於冷凍庫中。**解凍後撒粉易導致蔓越莓碎裂，所以直接使用冷凍蔓越莓。在高含水量的蔓越莓上撒粉，有效預防蛋糕體烤得半生不熟。

---

Q 糖霜硬度？

A **製作稍微硬一點的糖霜。**

為了強調粉紅顏色和味道，製作慢慢滴垂且濃度高一點硬一點的**糖霜，塗抹時也稍微厚塗些**。糖霜過於稀薄時，不僅顏色不明顯，還容易溢流至底部。糖霜太硬，無法順利延展時，添加少許覆盆子果泥；反之，糖霜太軟時，添加少許糖粉適度調整。

## 5 烘乾

放入預熱至170度C烤箱中烘乾2分鐘左右。在這段期間，先將冷凍草莓乾和冷凍蔓越莓乾切好備用。

## 6 出爐後立刻妝點

自烤箱取出後，立刻將切好的冷凍草莓乾、蔓越莓乾、糖漬玫瑰花瓣以輕壓方式裝飾在蛋糕體上。

---

Q 為什麼烘乾後才裝飾？

A 避免裝飾用配料烤焦。

**將冷凍草莓乾等莓果和糖漬玫瑰花瓣放進烤箱烘乾容易導致烤焦**，建議於烘乾後再裝飾。另外，烘乾後若不立即裝飾，一旦糖霜變硬，配料將無法確實附著於糖霜上，這一點務必特別留意。

剖 面

奶油蛋糕麵糊
高級篇❷

水果鋪底部，麵糊鋪上層，
出爐後上下顛倒再裝飾

Apricot Up-side-Down Cake

# 杏桃伯爵茶翻轉蛋糕

杏桃與伯爵茶風味奶油蛋糕的組合。若將水果鋪於麵糊上面，烤焙時容易沉至底部，所以改將水果鋪於底層，出爐後再顛倒過來裝飾。製作「翻轉蛋糕」不僅水果不會下沉，還能突顯杏桃的色香味，一舉兩得。杏桃汁慢慢滲透至麵糊，口感也會更加濕潤美味。這次使用細長形磅蛋糕烤模，增添時尚感。

Arrangement avancé

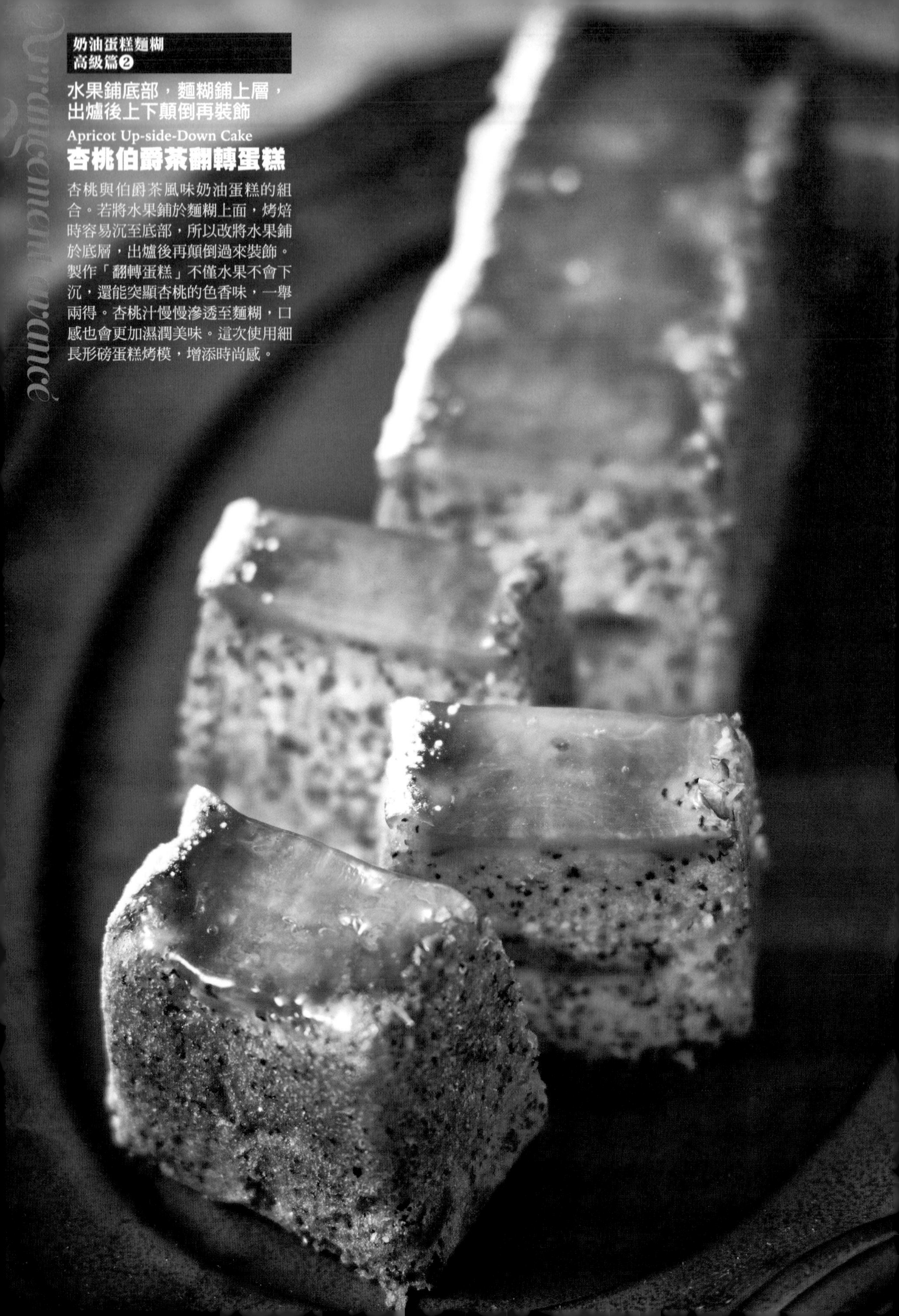

## 烤模準備工作

參照P.47的「事前烤模準備工作」C，在烤模內側鋪好烤焙紙備用。

**材料**　有邊緣直徑21cm×5.5cm細長形磅蛋糕烤模（460cm³）1個分量

罐裝杏桃
　………… 6個切半杏桃
**●奶油蛋糕麵糊**
無鹽奶油 ………… 50g
砂糖 ………… 55g
全蛋 ………… 55g
低筋麵粉 ………… 65g
發粉 ………… 1g
格雷伯爵茶茶葉（細碎）
　………… 3g

**●裝飾**
杏桃果醬（過篩類型）
　………… 約40g
開心果、防潮糖粉
　………… 各適量

**烤焙時間**　180度20分鐘→170度15分鐘

**格雷伯爵茶茶葉**
一般糕點用的紅茶香氣通常較為清淡，容易被奶油等風味蓋過去，建議使用帶有檸檬風味的格雷伯爵茶。茶葉葉片較大時，先用攪拌機或擂缽研磨成細粉，或者直接使用茶包裡的茶葉。

### ●製作麵糊

參照P.53～P.56製作基本奶油蛋糕麵糊。這裡不使用香草豆莢。將低筋麵粉、發粉和格雷伯爵茶茶葉一起過篩至料理盆中。

### 1 杏桃切片

將罐裝杏桃置於瀝水盤上，瀝乾汁液。平行將厚度切半。

### 2 瀝乾水分

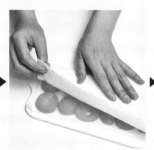

取2～3張廚房紙巾擺在杏桃上下方，靜置30分鐘以上吸乾水分備用。

### 3 鋪於烤模底部

將面積較大的切片杏桃（下半部）鋪於烤模底部。

### 4 麵糊夾層

倒入1/2添加格雷伯爵茶的麵糊（參照上述作法），接著將剩餘的杏桃切片（上半部）鋪在上面，然後倒入剩餘麵糊。放入烤箱中烤焙。

### 5 翻轉脫模

放入預熱至180度C烤箱中烤焙20分鐘，調降溫度至170度C繼續烤焙15分鐘左右。出爐後趁熱將整個烤模上下翻轉。

### 6 裝飾

參照P.58，僅頂部塗抹杏桃果醬。在蛋糕體長邊一側撒切碎的開心果，另一長邊則撒上糖粉。

**Q** 鋪杏桃的注意事項？

**A** 突顯杏桃之美的方法。

**將杏桃緊密鋪於烤模底部。** 由於上下翻轉後，底部變成頂部，務必將面積較大的杏桃切片以不重疊的方式鋪於底部，這樣翻轉之後，頂部才會漂亮。接著倒入麵糊，然後再鋪一層杏桃切片，最後倒入剩餘麵糊時，記得讓中間部位稍微向下凹陷（參照P.57）。

**Q** 上下翻轉的時機？

**A** 出爐後立刻上下翻轉。

**趁熱將整個烤模倒扣於烘焙紙上。稍微輕壓烤模底部，讓蛋糕體不會過於膨脹。** 蛋糕體剛出爐時最為柔軟，所以要趁熱操作。注意不要用力按壓，穩定形狀就OK了。小心脫模，稍微放涼後以保鮮膜包起來，置於冷藏室或陰涼處1天以上。

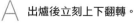

## 烤模準備工作

參照P.47的「事前烤模準備工作」B，在烤模內側塗刷奶油和麵粉備用。

### 材 料

有邊緣直徑13cm咕咕霍夫模
（550cm³）1個分量

● 奶油蛋糕麵糊

| | |
|---|---|
| 無鹽奶油 | 60g |
| 三溫糖 | 45g |
| 栗子泥 | 55g |
| 全蛋 | 淨重70g |
| 杏仁粉 | 20g |
| 低筋麵粉 | 65g |
| 發粉 | 2g |
| 帶薄膜栗子甘露煮 | 80g |

● 收尾

| | |
|---|---|
| 白蘭地（干邑白蘭地） | 約10g |

● 干邑白蘭地糖霜

| | |
|---|---|
| 糖粉 | 60g |
| 白蘭地（干邑白蘭地） | 12~15g |

● 裝飾

帶薄膜栗子甘露煮、金箔
…………………… 各適量

### 烤焙時間

180度20分鐘→
170度15～20分鐘

奶油蛋糕麵糊
高級篇❸

麵糊裡揉入栗子泥、
杏仁粉，
烤焙風味更濃郁

Rich Marron Crown
**栗子皇冠蛋糕**

*Arrangement avancé*

使用大量栗子的豪華蛋糕。將法國產的栗子泥和帶薄膜栗子甘露煮混拌在一起，製作成王冠形狀的栗子蛋糕。以干邑白蘭地糖霜披覆，增加迷人香氣。添加栗子泥和杏仁粉的麵糊，質地非常細緻，烤焙後充滿濕潤的口感。

**干邑白蘭地**
比起風味強烈的蘭姆酒，選擇口感柔軟且具有層次、香氣較為清淡的干邑白蘭地。若家裡沒有，可以使用一般白蘭地或蘭姆酒。

**栗子泥、帶薄膜栗子甘露煮**
使用罐裝栗子泥（沙巴東SABATON公司）。栗子泥的糖度高，所以稍微減少麵糊裡的砂糖用量。另外，使用市售的帶薄膜栗子甘露煮時，事先瀝乾汁液並切成1.5cm立方塊，鋪於廚房紙巾上，確實吸乾水分備用。

## 1 製作栗子麵糊

參照P.53～P.56製作基本奶油蛋糕麵糊。先倒入奶油、砂糖，然後再加入栗子泥。

## 2 混合攪拌

依序加入蛋、杏仁粉、低筋麵粉和發粉，混合攪拌均勻。

## 3 加入帶薄膜栗子甘露煮

整體混拌至沒有粉末感，接著加入帶薄膜栗子甘露煮並充分混合均勻。

## 4 倒入烤模中烤焙

倒入烤模中，同樣中間部位稍微向下凹陷。放入烤箱中烤焙。

## 5 塗刷干邑白蘭地

以預熱至180度C烤箱烤焙20分鐘，調降溫度至170度C繼續烤焙15～20分鐘。脫模後塗刷干邑白蘭地。

## 6 塗抹干邑白蘭地糖霜

蛋糕體整個表面塗抹干邑白蘭地糖霜，栗子表面也要塗抹。放入預熱至170度C烤箱中烘乾2分鐘左右，最後以金箔點綴。

---

### Q 加入栗子的時間點？

### A 無粉末感時加入栗子。

整體混合在一起，攪拌至沒有粉末感時加入準備好的帶薄膜栗子甘露煮。繼續攪拌至栗子和麵糊均勻混合在一起。注意攪拌過度可能使口感變厚重。另外，攪拌時盡量不要壓碎栗子。

### Q 塗刷干邑白蘭地的時間點？

### A 趁蛋糕體溫熱時塗刷。

蛋糕出爐後，參照P.48脫模。趁熱以毛刷在整個蛋糕體表面刷干邑白蘭地。稍微置涼後包覆保鮮膜，並靜置於冷藏室或陰涼處1天以上。

### Q 收尾裝飾重點？

### A 塗抹糖霜並烘乾。

將糖粉和干邑白蘭地混合在一起製作糖霜，以抹刀在整個蛋糕體上薄薄塗抹一層。頂部擺上幾顆帶薄膜栗子甘露煮（太大時切小一點），重點在於栗子表面也要塗抹糖霜。糖霜若太硬，添加少量干邑白蘭地調整軟硬度。

### Q 製作麵糊的訣竅？

### A 分批加入栗子泥。

這裡不添加香草豆莢。添加砂糖後，先倒入一半分量的栗子泥，攪拌至一定程度後再倒入另外一半，同樣混合均勻。攪拌至滑順後，再依同樣步驟加入蛋液混合均勻。

### Q 為什麼添加杏仁粉？

### A 為了增添鮮味與濕潤感。

在麵糊裡添加少量杏仁粉，好比「高湯」的功用，多了一份鮮味和濕潤口感。混拌杏仁粉後加入過篩的低筋麵粉和發粉，以橡皮刮刀取代攪拌機混合均勻。

剖面

可可麵糊裝飾一粒粒巧克力，
披覆香濃巧克力醬，華麗高貴的呈現

## Chocolat Orange
# 巧克力香橙蛋糕

將添加可可的奶油蛋糕麵糊烤焙成具十足時尚感的蛋糕，再披覆小巧玲瓏的黑巧克力球與巧克力醬。麵糊不僅充滿香橙香氣，巧克力脆片更突顯濃郁的可可風味。最後再以色彩鮮豔的糖漬香橙切片和金箔點綴，瞬間提升整體華麗感。

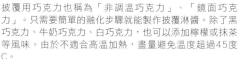

### 烤模準備工作

參照P.47的「事前烤模準備工作」A，在烤模內側塗刷奶油備用。

**材 料** 直徑17cm的矽膠製烤模
　　　　（470cm³）1個分量

### 披覆用巧克力

披覆用巧克力也稱為「非調溫巧克力」、「鏡面巧克力」。只需要簡單的融化步驟就能製作披覆淋醬。除了黑巧克力、牛奶巧克力、白巧克力，也可以添加檸檬或抹茶等風味。由於不適合高溫加熱，盡量避免溫度超過45度C。

**●奶油蛋糕麵糊**

| | |
|---|---|
| 無鹽奶油 | 65g |
| 砂糖 | 65g |
| 全蛋 | 淨重65g |
| 低筋麵粉 | 50g |
| 發粉 | 2g |
| 杏仁粉 | 18g |
| 可可粉 | 12g |
| 黑巧克力 | |
| （可可含量65%） | 25g |

切成8mm立方塊備用
刨絲柳橙皮 　… 1/4個分

**●收尾**
柑曼怡香橙干邑甜酒 …………… 約10g

**●披覆**
披覆用巧克力
（黑巧克力） ……… 60g
黑巧克力
（可可含量65%）… 30g
杏仁碎 …………… 15g
先以180度C烤箱
烘烤6～7分鐘備用

**●裝飾配料**
裝飾用糖漬香橙切片（市售）、珍珠巧克力球（市售。可用堅果類代替）、黑巧克力（片狀）、金箔、蛋糕插牌 ………… 各適量

**烤焙時間** 180度20分鐘→170度15～20分鐘

---

## 1 製作麵糊

參照P.53～P.56製作基本奶油蛋糕麵糊。參照下述作法。

## 2 添加風味

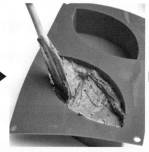

添加切細碎的黑巧克力、刨絲柳橙皮，整體混合攪拌均勻。

## 3 倒入烤模

倒入烤模。由於火候難以穿透烤模中心部位，填入時稍微讓中心部位的麵糊向下凹陷。

## 4 烤焙

放進預熱至180度C烤箱中烤焙20分鐘，調降溫度至170度C繼續烤焙15～20分鐘。脫模後塗刷柑曼怡香橙干邑甜酒。

---

**添加可可風味**
這裡不添加香草豆莢。將無鹽奶油、砂糖和全蛋拌勻後，倒入過篩的低筋麵粉、發粉、杏仁粉、可可粉，混合拌勻。以橡皮刮刀攪拌至沒有粉末感（P.56步驟13）。

**Q** 添加風味的時間點？

**A** 攪拌至沒有粉末感時。

加入所有粉類並攪拌至沒有粉末感時，加入切碎的巧克力和刨絲柳橙皮。整體混合均勻，但也切記勿攪拌過度。

**Q** 如何確認烤焙完成？

**A** 輕壓蛋糕體，有Q彈感覺就OK了

輕壓蛋糕體，確認是否有Q彈感覺，或者以竹籤插入蛋糕體，竹籤沒有沾黏麵糊時即可出爐。小心脫模並趁熱以毛刷在整個蛋糕體表面塗刷柑曼怡香橙干邑甜酒。以保鮮膜包覆，冰在冷藏室裡。

剖 面

## 5 製作披覆用巧克力醬

將2種巧克力混合在一起並融化成巧克力醬，加入事先烘烤過的杏仁碎。

## 6 淋醬

將蛋糕體放在鋪有烘焙紙的托盤上，由上而下一口氣澆淋披覆巧克力醬。

## 7 塗抹

以抹刀抹平蛋糕體側面的巧克力醬。由於巧克力醬沿著側面流下，有些部位可能無法確實沾附淋醬，請使用抹刀確實塗抹每個角落。

## 8 塗抹側面

舀起流至烘焙紙上的巧克力醬，塗抹於側面底部，盡量讓整個蛋糕體都披覆巧克力醬。特別留意兩端，切記每個角落都要塗抹。

## 9 移動

使用抹刀等將蛋糕體移至另外一張烘焙紙上。

## 10 裝飾

裝飾自己喜歡的配料。大膽地將糖漬香橙切片、巧克力片和珍珠巧克力球妝點在頂部。

## 11 最後的點綴

家裡若有金箔和插牌，可依照個人喜好點綴於頂部。為避免乾燥，將蛋糕裝在容器裡並放入冷藏室讓巧克力凝固。靜置1天享用最理想。

---

**Q 融化巧克力的訣竅？**

**A 注意溫度不要超過45度C。**

為了打造風味的層次感，將披覆用巧克力和黑巧克力混合在一起。**巧克力遇高溫會變質且無法順利凝固，務必留意溫度不要超過45度。**以隔水加熱方式融化巧克力時，先將水煮沸，關火後再讓裝有巧克力的容器浮在水面上。融化且攪拌至滑順後再加入杏仁碎。

**Q 披覆時的注意事項？**

**A 一鼓作氣由上往下澆淋巧克力醬。**

自烤箱取出蛋糕體且稍微置涼後，放在鋪有烘焙紙的拖盤上，將添加杏仁碎的巧克力醬**一鼓作氣地由上往下澆淋**。巧克力會慢慢凝固，動作一定要迅速確實。**特別注意，蛋糕體溫度太低會導致巧克力迅速凝固！**

**Q 為什麼需要更換烘焙紙？**

**A 流至底部的巧克力醬凝固後難以去除。**

淋上巧克力醬後若沒有更換一張新的烘焙紙，一旦底部的巧克力醬凝固變硬，之後要移除乾淨將會是一大工程。**移動蛋糕體時，切記將底下多餘的巧克力清乾淨。**

# 活用於常溫甜點！
# 自製水果餡料與裝飾配料

常溫甜點搭配水果，不僅增加多汁口感、清爽風味，外觀也更顯華麗。接下來為大家介紹本書食譜所使用的餡料，請大家嘗試活用季節性水果做出各種變化。

## 糖煮檸檬皮
用於製作P.120西洋梨檸檬塔

檸檬　1/2顆分量
砂糖　2大匙左右
水　適量

**製作方法**
用刀子切下檸檬皮黃色部分。切細絲後裝入耐熱容器中並倒入砂糖和水。以微波爐加熱至檸檬皮帶透明感且變軟。繼續加熱檸檬皮至糖液減少即可取出。冷藏保存4～5天，也可以冷凍保存。

## 糖漬金桔
用於製作P.42金桔柳橙瑪格麗特蛋糕

金桔　適量
砂糖　金桔重量的一半
水　金桔重量的一半

**製作方法**
取下金桔蒂頭後對半切開，取出金桔籽。和砂糖、水一起倒入小鍋裡，取鋁箔紙作為內蓋。以中火加熱，沸騰後轉為小火熬煮8～10分鐘，靜置一晚。冷藏保存3天左右。也可以連同汁液一起冷凍。

## 糖漬柳橙切片
用於製作P.80香橙口味費南雪金磚蛋糕

小顆柳橙　適量
砂糖　柳橙重量的一半
水　柳橙重量的一半

製作方法
柳橙切成薄片，愈薄愈好，同砂糖和水一起倒入小鍋，取鋁箔紙作為內蓋。以中火加熱，沸騰後轉為小火，慢慢熬煮至柳橙片帶點透明感。整體變軟且水氣蒸發後，靜置一晚。冷藏保存3天左右，也可以冷凍保存。

## 糖漬蘋果和覆盆子
用於製作P.44蘋果覆盆子熱那亞杏仁蛋糕

紅玉蘋果　適量
覆盆子泥　蘋果重量的20%
砂糖　蘋果重量的15%
肉桂粉　少許

**製作方法**
蘋果切成6～7mm厚的銀杏狀，和砂糖、覆盆子泥、隱約蓋過食材的水一起倒入鍋裡，以中火加熱。蘋果開始變軟後，持續攪拌使水氣蒸發。幾乎收乾時，加入肉桂粉並靜置一晚。冷藏保存3天左右。也可以冷凍保存。

## 糖漬玫瑰花瓣
用於製作P.62粉紅糖霜莓果蛋糕

食用玫瑰（貝拉大玫瑰）
適量
或者使用食用花卉的三色堇也可以
蛋白　適量
細白砂糖　適量

**製作方法**
小心將花瓣一片片摘下。在花瓣兩面以毛刷或刷筆塗刷蛋白，並且均勻沾上細精白砂糖。一片片不交疊地擺在廚房紙巾上，置於通風陰涼處乾燥。裝在密封容器中，室溫保存。請盡早使用完畢。

## 糖漬煸炒蘋果和果乾
用於製作P.60蘋果焦糖磅蛋糕

紅玉蘋果　1.5～2顆
（去皮和核後平重200g）
紅糖　12g
無花果乾　35g
葡萄乾　35g
卡巴度斯蘋果酒
（蘋果白蘭地）　15g

**製作方法**
蘋果切成5mm厚的銀杏狀，添加紅糖一起煸炒至變軟。水分蒸發後關火，加入切成1cm立方的無花果乾、葡萄乾、卡巴度斯蘋果酒充分混合均勻。包覆保鮮膜靜置一晚，讓味道均勻滲透。冷藏保存3天左右。也可以冷凍保存。

# 第 3 章

# 「濕潤綿密香氣噴鼻」
# 使用焦化奶油
### 費南雪金磚蛋糕麵糊教學

加熱奶油成液體狀之後，若持續加熱，
奶油油脂以外的成分（蛋白質與碳水化合物）
因逐漸焦化而散發一股微焦的芳香風味。
接下來教大家使用焦化奶油，製作濕潤且濃郁的「費南雪金磚蛋糕麵糊」。

## 使用焦化奶油製作麵糊的重點

### 1

**風味依奶油的焦化程度
而改變**

藉由調整焦化程度（豆皮色～深褐
色）來製作自己喜歡的風味。喜歡香
氣濃郁一點，增加焦化程度；喜歡輕
盈風味，可以另外搭配蜂蜜、抹茶讓
風味清淡纖細。但千萬注意不要加熱
到燒焦。

### 2

**焦化奶油於加熱後使用**

將奶油倒入鍋裡加熱，頻繁攪拌讓奶
油均勻焦化。混合麵粉時，若焦化奶
油已經冷卻，請先加熱至40～45度
C，方便和麵糊混合攪拌在一起。

「濕潤綿密香氣噴鼻」

## Financier Nature

# 基本麵糊
# 費南雪金磚蛋糕
# 原味費南雪金磚蛋糕

**同時具有焦化奶油的芳香與奶油原本的牛奶香氣，
簡單又美味的費南雪金磚蛋糕。**

剖面

×失敗範例1

## 香氣不足

●原因

**奶油焦化程度不夠。**

奶油焦化程度不夠，無法呈現費南雪金磚蛋糕特有如堅果般的香氣。但**千萬注意不要加熱至燒焦。**

---

### 烤模準備工作

參照P.47的「事前烤模準備工作」A，在烤模內側塗刷奶油備用。

**材 料** 7.7cm×4.5cm・深度1.8cm深型
費南雪烤模（50cm³）6個分量

●費南雪金磚蛋糕麵糊

| | |
|---|---|
| 無鹽奶油 | 60g |
| 蛋白 | 60g |
| 蜂蜜 | 20g |
| 糖粉 | 60g |
| 低筋麵粉 | 25g |
| 杏仁粉 | 50g |

**烤焙時間** 190度12～13分鐘

---

## 1 製作焦化奶油

奶油放入小鍋裡，以中火加熱。使用打蛋器邊加熱邊攪拌。

## 2 關火

整體呈深褐色時關火。

---

Q 為什麼需要一邊攪拌？

A 氣泡的覆蓋導致看不清楚焦化程度。

**沸騰後開始出現氣泡，如果不一邊攪拌，容易因為氣泡的覆蓋而看不清楚焦化程度。**另外也因為奶油焦化會逐漸結塊，必須邊加熱邊攪拌。

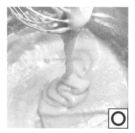

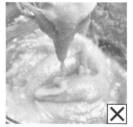

×失敗範例2
## 流動停滯不順暢

●原因
**麵糊沒有充分攪拌均勻。**

好不容易攪拌至沒有粉末感，而且麵糊大大膨脹，但這同時也是麵糊未完全攪拌足夠的證明。**必須持續攪拌至沒有筋性，撈起麵糊時會順順地向下流動的程度。**

| 3 固色 | 4 混拌 | 5 加入粉類 | 6 發酵 |
|---|---|---|---|

關火後將鍋底置於水中。

將蛋白和蜂蜜倒入料理盆中，以打蛋器混合攪拌均勻。

將糖粉、低筋麵粉、杏仁粉過篩至料理盆中，混合攪拌均勻。

混拌後蓋上保鮮膜，靜置於陰涼處1小時以上，降低小麥麵粉的筋性（麵筋）。

Q 製作焦化奶油時，關火後要做什麼？

A 連同鍋子置於水中冷卻。

一直放在火爐上，餘熱會使奶油持續焦化。**關火後應立即將鍋子置於水中冷卻並使其固色。**

Q 混合攪拌的訣竅？

A 混合攪拌至滑順。

不僅使用打蛋器攪拌至飽含空氣，**還要充分混合至所有材料都非常滑順。**攪拌至麵糊沒有筋性，舀起時可以順暢垂落。

Q 麵糊裡添加蜂蜜的理由？

A 為了使口感更濕潤。

**少量蜂蜜具有讓口感更加濕潤的效果**，也可以用於增添香氣。蛋白溫度太低易導致蜂蜜凝固而不容易攪拌，建議先將蛋白恢復室溫備用。

**○**

**╳失敗範例 3**

## 烤色偏白

●原因

烤焙時間不足或烤焙溫度太低。

**烤焙時間不足**易使烤色偏淡，略呈白色。杏仁粉未能確實加熱，**無法烘烤出焦化奶油的濃郁香氣**。

## 費南雪金磚蛋糕麵糊應用重點

**奶油焦化程度因人而異**

想要強調充滿奶香的奶油風味，或者想要製作抹茶費南雪金磚蛋糕等強調顏色與特殊風味時，可以試著**調整奶油的焦化程度**。

**各種變化**

麵糊裡添加可可或紅茶，製作各式各樣風味的蛋糕。另外也可以使用不同形狀的烤模，嘗試製作變化萬千的蛋糕。但**不太適合使用大型烤模並於烤焙後分切**。

---

**7** 添加焦化奶油並充分拌勻

焦化奶油加熱至 40～45 度 C，然後與麵糊混合在一起。

**8** 倒入烤模

分成 6 等分，均勻倒入烤模中。

**9** 烤焙

放入預熱至 190 度 C 烤箱中烤焙 12～13 分鐘。以高一點的溫度烤焙費南雪金磚蛋糕麵糊，香氣更加濃郁。

**10** 脫模

逐一脫模，或者將整個烤模倒扣脫模也可以。

---

 為什麼需要先加熱？

 為了使奶油乳化。

若將冷奶油直接加入高含水量的麵糊裡，油水分離會使麵糊變得難以攪拌（難以乳化）。使用打蛋器先將加熱後的奶油和麵糊混合在一起，然後再改用橡皮刮刀攪拌至滑順。

Q 倒入多少分量？

A 約烤模的 8～9 成。

費南雪金磚蛋糕麵糊裡沒有添加發粉，**烤焙後不會大幅度膨脹**。將麵糊倒入烤模中約 **8～9 分滿**，不會因為膨脹而溢出。

 保存方式？

 為避免乾燥，放入密封袋裡保存。

冷卻後立即享用，外表香脆，內層濕潤柔軟。如果希望**整體口感都很濕潤**，建議放入密封袋中（避免乾燥）靜置一晚。置於陰涼處或冷藏室中可以保存 3～4 天。

烤焙可可麵糊，披覆巧克力醬

# Financier Cacao
# 可可費南雪金磚蛋糕

基本麵糊裡添加可可，最後再披覆巧克力醬，完成口感豐富又有層次的費南雪金磚蛋糕！使用可可豆形狀的烤模，讓蛋糕更具質感。雖然食譜中使用黑巧克力，但大家可依個人喜好使用白巧克力或牛奶巧克力。

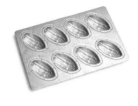

| 烤模準備工作 |
|---|

參照P.47的「事前烤模準備工作」A，在烤模內側塗刷奶油備用。

**材料** 8cm×4cm．深度2.3cm的
可可豆形狀烤模（40cm³）8個分量

●費南雪金磚蛋糕麵糊
| | |
|---|---|
| 無鹽奶油 | 60g |
| 蛋白 | 60g |
| 蜂蜜 | 20g |
| 糖粉 | 60g |
| 低筋麵粉 | 20g |
| 杏仁粉 | 50g |
| 可可粉 | 8g |

●裝飾
| | |
|---|---|
| 非調溫巧克力（黑巧克力） | 50g |
| 黑巧克力 | 50g |
| 熟可可粒（經烘烤、去殼的可可粒） | 適量 |

**烤焙時間** 190度13～15分鐘

## 1 製作麵糊、烤焙

參照P.75～P.77製作費南雪金磚蛋糕麵糊。倒入烤模後放入預熱至190度C烤箱中烤焙，然後脫模。

## 2 融化巧克力

將披覆用巧克力和黑巧克力混合在一起，以隔水加熱方式融化。

## 3 披覆巧克力醬

將費南雪金磚蛋糕沾裹巧克力醬。

## 4 裝飾

蛋糕體置於烘焙紙上，撒上熟可可粒，放入冷藏室使巧克力凝固。最後再以金箔、堅果等裝飾。

---

**增添可可風味**
**將粉類和可可粉一起過篩至料理盆中。**將混拌好的麵糊倒入烤模中，約8分滿，放入預熱至190度C烤箱中烤焙13～15分鐘。

Q 沾裏巧克力醬的訣竅？

A 僅對角線一側沾裹巧克力醬。

斜向將蛋糕體放入巧克力醬中，僅對角線一側沾裹。確實讓多餘的巧克力醬滴落後再取出。**若沒有滴乾淨，巧克力醬容易堆積在蛋糕體下方。喜歡巧克力的人，也可以讓蛋糕體整個上半部都覆蓋巧克力醬。**

◆**以不同種類的巧克力混搭製作披覆用巧克力醬**
只用非調溫巧克力，風味略顯單調，可以混搭製果用（調溫巧克力）的黑巧克力一起使用。非調溫巧克力（牛奶口味）搭配牛奶巧克力的組合也是不錯的選擇（參照P.69）。

Q 保存方式？

A 裝入密封容器中。

**巧克力凝固後，放入密封容器或密封袋中避免乾燥。**靜置一晚以上，整體口感更加濕潤。**置於陰涼處或冷藏室可保存3～4天。**

費南雪金磚蛋糕麵糊變化篇❷

麵糊裡添加不同風味，再簡單擺放
些許配料的變化版費南雪金磚蛋糕！

**香橙口味** 右上
**堅果香蕉口味** 左
**椰香李子口味** 右下

費南雪金磚蛋糕是非常適合創作各種變化版的
蛋糕體。只要在基本麵糊裡添加各式各樣的風
味食材，或者搭配不同配料、使用不同形狀的
烤模，就能創造出多樣化的變化版，請大家依
個人喜好盡情發揮。

---

### 烤模準備工作

參照P.47的「事前烤模準備工作」A，在烤模內側塗刷奶油備用。

**事前準備**
製作香橙口味時，將粉類和格雷伯爵茶茶葉一起過篩至料理盆中。
混拌均勻後倒入烤模中，約9分滿。

**製作方法**
參照P.75～P.77，使用各自的食材製作費南雪金磚蛋糕麵糊並倒
入烤模中。

---

## Thé d'Orange
## 香橙口味

**材 料** 8cm×4cm矽膠製費南雪烤模（35cm³）9個分量

**●費南雪金磚蛋糕麵糊**

| | | | |
|---|---|---|---|
| 無鹽奶油 | 45g | 格雷伯爵茶茶葉 | |
| 蛋白 | 45g | （磨成細粉） | 3g |
| 蜂蜜 | 15g | 或者使用茶包茶葉，請參 | |
| 糖粉 | 45g | | 照P.63 |
| 低筋麵粉 | 18g | 糖漬柳橙切片（切半） | 5片 |
| 杏仁粉 | 38g | ※參照P.71，或者使用市售品 | |

**烤焙時間** 190度13～15分鐘

在格雷伯爵茶風味的麵糊上
擺放瀝乾水氣的糖漬柳橙切
片，放進預熱至190度C烤
箱中烤13～15分鐘。

**Q** 為什麼需要
瀝乾水氣？

**A** 不瀝乾會導致
蛋糕體半生不熟。

火候不易穿透費南雪金磚蛋
糕麵糊，必須瀝乾水果類配
料的水氣，才不會導致烤焙
時半生不熟。以廚房紙巾上
下包住水果類配料，確實吸
乾水氣。

---

## Noisette Banane
## 堅果香蕉口味

**材 料** 8cm×3.6cm的鵝蛋形烤模（35cm³）8個分量

**●費南雪金磚蛋糕麵糊**

| | | | |
|---|---|---|---|
| 無鹽奶油 | 45g | 低筋麵粉 | 18g |
| 蛋白 | 45g | 榛果粉 | 38g |
| 蜂蜜 | 15g | 香蕉、榛果 | 各適量 |
| 糖粉 | 45g | | |

※製作可可風味麵糊時，將粉類和6g可可粉一起過篩。

**烤焙時間** 190度13～15分鐘

製作堅果香蕉口味時，以榛果粉取代杏仁粉。

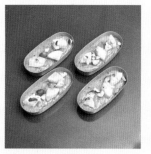

將準備好的麵糊平均分成8
等分並倒入烤模裡，然後擺
放切成1cm立方塊的香蕉和
切粗碎的榛果。

**Q** 關於保存？

**A** 裝在密封容器
或密封袋中保存。

放入密封容器或密封袋中避
免乾燥。靜置一晚以上，整
體口感更加濕潤。置於陰涼
處或冷藏室可保存3～4天
（3種口味都一樣）。

---

## Coco Pruneau
## 椰香李子口味

**材 料** 5.5cm×3.3cm的矽膠製小橢圓形烤模（30cm³）12個分量

**●費南雪金磚蛋糕麵糊**

| | | | |
|---|---|---|---|
| 無鹽奶油 | 45g | 低筋麵粉 | 18g |
| 蛋白 | 45g | 杏仁粉 | 38g |
| 蜂蜜 | 15g | 李子乾（去籽） | 6顆 |
| 糖粉 | 45g | 椰子細粉 | 適量 |

**烤焙時間** 190度12～14分鐘

將麵糊倒入烤模裡，擺上切
半的李子乾。

在麵糊中間撒椰子細粉。放
入預熱至190度C烤箱中烤
焙12～14分鐘

麵糊裡添加不同風味，
最後再搭配焦糖醬和甘納許。

**覆盆子虎斑蛋糕** 上
**栗子黑糖** 中
**焦糖咖啡** 下

嘗試讓費南雪金磚蛋糕更多樣化。麵糊裡添加各式各樣的風味食材，搭配甘納許、焦糖堅果、栗子，讓蛋糕更具豐富的層次感。

覆盆子虎斑蛋糕

## 1 製作麵糊

參照P.75～P.77，製作添加可可粉的麵糊。放入預熱至190度C烤箱中烤焙13～15分鐘，倒扣烤模，從上方輕壓脫模。

## 2 製作甘納許

將甜味黑巧克力和鮮奶油倒入耐熱容器中，以微波爐加熱20～40秒。沸騰後取出，充分攪拌至滑順有光澤。

## 3 冷卻

靜置溫熱的甘納許至冷卻，也讓甘納許有點黏稠濃度。

## 4 裝飾

將帶點黏稠的甘納許填入擠花袋中，剪開擠花袋底端。先在蛋糕體頂部擠一些覆盆子果醬，然後在果醬上擠一些甘納許作為裝飾。

---

烤模準備工作

參照P.47的「事前烤模準備工作」A，在烤模內側塗刷奶油備用。

Tigre au Framboise
## 覆盆子虎斑蛋糕

材料　7cm×5.2cm矽膠製備圓隆瓦闌烤模（47cm³）6個分量

●費南雪金磚蛋糕麵糊
無鹽奶油 ………… 45g
蛋白 ……………… 45g
蜂蜜 ……………… 15g
糖粉 ……………… 45g
低筋麵粉 ………… 15g
可可粉 …………… 6g
杏仁粉 …………… 38g

●配料
覆盆子果醬 ……… 適量
●甘納許（容易製作的分量）
甜味黑巧克力
（可可成分55％）…… 40g
鮮奶油 …………… 30g
冷凍覆盆子果乾 … 適量
金箔 ……………… 適量

**烤焙時間**
190度13～15分鐘

Q 為什麼甘納許需要先冷卻？
A 為了製造分量感。

讓溫熱且滑順的**甘納許**降溫以提升濃度，同時讓甘納許因變得黏稠而具有分量，擠在蛋糕體上會有隆起的效果。最後再以冷凍覆盆子果乾和金箔裝飾。

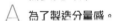

焦糖咖啡

**Marron Kokutou**

# 栗子黑糖

**材料** 8cm×4cm矽膠製費南雪烤模（35cm³）12個分量

●費南雪金磚蛋糕麵糊

| | | | |
|---|---|---|---|
| 無鹽奶油 | 45g | 黑糖（粉末類型） | 20g |
| 蛋白 | 45g | 低筋麵粉 | 18g |
| 蜂蜜 | 15g | 杏仁粉 | 38g |
| 糖粉 | 25g | 帶薄膜栗子甘露煮 | 12個 |

**烤焙時間** 190度12～14分鐘

## 1 製作麵糊

參照P.75～P.77製作基本費南雪金磚蛋糕麵糊。在這個步驟中將糖粉和黑糖（粉末類型）一起過篩至盆中。

## 2 瀝乾水氣

將帶薄膜栗子甘露煮切半（厚度切半），散開排列在廚房紙巾上，充分瀝乾水氣。

## 3 排列整齊

將切半的栗子（切面朝下）排列在烤模底層，每格2個。栗子過大時，稍微用刀子切割以調整大小。

## 4 烤焙

將麵糊平均倒入烤模裡，放入預熱至190度C烤箱中烤焙12～14分鐘。出爐後倒扣烤模，小心取出蛋糕體。

Caramel Café
# 焦糖咖啡

**材料** 8cm×4cm矽膠製費南雪烤模（35cm³）9個分量

| ●費南雪金磚蛋糕麵糊 | | | | ●焦糖醬 | |
|---|---|---|---|---|---|
| 無鹽奶油 | 45g | 低筋麵粉 | 18g | 砂糖 | 20g |
| 蛋白 | 45g | 杏仁粉 | 38g | 水 | 10g |
| 蜂蜜 | 15g | 濃縮咖啡用細研磨咖啡粉 | | 鮮奶油 | 30g |
| 糖粉 | 45g | | 4g | 杏仁碎 | 25g |

**烤焙時間** 190度12～14分鐘

◆家裡沒有濃縮咖啡用的細研磨咖啡粉時，可以使用2g即溶咖啡粉取代。

## 1 製作麵糊

參照P.75～P.77製作基本費南雪金磚蛋糕麵糊。在這個步驟中同時將粉類和濃縮咖啡粉一起過篩至盆中。

## 2 製作焦糖醬

將砂糖和水倒入鍋裡，以中火加熱熬煮至偏濃的焦糖色。

## 3 添加鮮奶油

倒入事先加熱好的鮮奶油。沸騰情況穩定後，整體攪拌均勻。

## 4 倒入杏仁碎拌勻

將料理盆自火爐上移開，冷卻過程中加入杏仁碎攪拌均勻。

## 5 填入擠花袋中

將焦糖醬填入塑膠製擠花袋中，底端剪開1cm寬。

## 6 直線擠花

倒入烤模中約9分滿，然後在正中央擠焦糖醬（呈一直線）。放入預熱至190度C烤箱中烤12～14分鐘。

**Q** 焦糖醬熬煮程度？

**A** 熬煮至偏濃的焦糖色。

熬煮程度不夠時，只會有甜味，而沒有焦糖香氣和淡淡的苦味。確實熬煮至濃郁的咖啡色後，加入事先加熱的鮮奶油，並且將鍋子自火爐上移開，讓焦糖醬達固色作用。小心不要被蒸氣燙傷手，製作焦糖醬時最好戴上隔熱手套，也別忘記啟動抽油煙機。

**Q** 擠焦糖醬的訣竅？

**A** 由於容易阻塞，建議視情況隨時調整。

一手拿著擠花袋，一手指尖置於擠花袋前端，以揉擠方式擠出焦糖醬。一個蛋糕體約4～5g的焦糖醬。擠花袋前端的切口太小，容易被堅果堵住，太大則可能擠出太粗的焦糖醬。先在其他容器上試擠，視情況加以調整。

# 「酥脆易碎入口即化」
# 直接使用固體奶油

## 法式甜塔皮教學

奶油具有「酥脆性」，
能讓麵團經烤焙後更加酥鬆脆口，
接下來讓我們一起學習塔皮麵團的其中一種「法式甜塔皮（甜麵團）」。

## ·············· 使用固體奶油製作麵團的重點 ··············

### 1

**不要融化奶油**

奶油融化會減弱奶油具有的酥脆性。製作口感酥脆的糕點時，切記不要讓奶油融化。

### 2

**使用食物調理機更加順手**

稍微軟化奶油，然後依序加入食材並用手混合均勻，以這種方式製作麵團當然也可以，但使用食物調理機將麵粉和固體冷奶油一起攪碎，讓奶油包覆小麥麵粉顆粒並鎖住水分，有助於避免麵粉產生筋性（麵筋），製作出口感更鬆脆的麵團。

### 3

**勿攪拌混合過度，
靜置鬆弛是關鍵**

添加水分後，攪拌過度促使麵粉產生過多麵筋，進而導致烤焙後的口感變硬，務必注意勿攪拌過度。另一方面，靜置鬆弛也有助於降低筋性。

「酥脆易碎入口即化」

Tarte au Banane

# 基本麵團
# 法式甜塔皮
# 香蕉塔

**以酥脆芳香法式甜塔皮為基底，添加濃郁杏仁與大量香蕉，
製作簡單又美味的香蕉塔。**

✕ 失敗範例1

## 奶油顆粒過大

●原因

**沒有將奶油切細碎。**

使用食物調理機攪拌麵粉和固體奶油時，若沒能事先將奶油研磨細碎，過大的奶油顆粒會造成蛋糕體於烤焙時出現洞孔或變得易碎。**務必以食物調理機將奶油研磨成粉末狀。**

✕

---

### 烤模準備工作

不需要事前準備。只需要事先裁好一張比塔圈大的烘焙紙或烤墊。

**材 料**　直徑16cm的塔圈（約400cm³）1個分量

**●法式甜塔皮**

| | |
|---|---|
| 低筋麵粉 | 70g |
| 糖粉 | 25g |
| 無鹽奶油 | 35g |
| | 事先置於冷藏室備用 |
| 蛋黃 | 1顆分量 |
| | 事先置於冷藏室備用 |

**●杏仁餡**

| | |
|---|---|
| 無鹽奶油 | 40g |
| | 恢復室溫備用 |
| 砂糖 | 40g |
| 全蛋 | 淨重40g |
| | 恢復室溫備用 |
| 杏仁粉 | 40g |
| 蘭姆酒 | 5g |
| 肉桂粉 | 適量 |

**烤焙時間**　180度35～40分鐘

**●裝飾**

| | |
|---|---|
| 香蕉 | 中型1根 |
| 杏桃果醬（過篩類型） | |
| | 80g左右 |
| 水 | 適量 |
| 杏仁片（以170度C烤箱 | |
| 　烘烤6～8分鐘） | 適量 |
| 防潮糖粉 | 適量 |

## 1 製作麵團

將低筋麵粉、糖粉、冷奶油放入食物調理機中。

## 2 將奶油研磨成粉末狀

使用食物調理機研磨成粉末狀。

---

**Q** 為什麼直接使用冷奶油？

**A** 為了有效活用奶油的酥脆性。

奶油具有**使麵團變酥脆的「酥脆性」特性**，但奶油一旦融化，這種特性會逐漸減弱，酥脆口感也會消失。最理想的狀態是**直接使用固體冷奶油**，不需要事前讓奶油變軟。

**Q** 研磨至什麼狀態？

**A** 奶油細粉包覆麵粉顆粒的狀態。

將奶油和麵粉都研磨成細粉，讓細顆粒的奶油像披覆般包覆麵粉顆粒，這樣就算之後添加水分（蛋黃），也比較不容易產生筋性（麵筋），而且**烤焙後也會有更好的酥鬆清脆口感**。

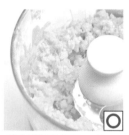

### ×失敗範例2

## 食材無法攪拌成團

●原因

**加入蛋黃後攪拌不足所致。**

加入蛋黃後若攪拌不足，麵團會呈顆粒粉末狀，無法結合成團。**視情況繼續攪拌至整體呈微濕的肉臊狀**。但也切記不可攪拌過度。

◆家裡沒有食物調理機時

讓奶油恢復室溫，並且軟化至可以輕鬆打散。以打蛋器混合攪拌，依序加入糖粉、蛋黃，每次添加都務必混合均勻。加入過篩低筋麵粉，以橡皮刮刀攪拌至沒有粉末感，然後同樣使用橡皮刮刀以按壓方式揉成團。放入塑膠袋中靜置鬆弛。

步驟 6 的訣竅

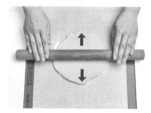

**擀麵棍從中間往上下兩側滾動**

擀麵棍從中間往對側延展，回到中間後再往身體側延展，這樣的滾動力道才會均勻一致。只是前後不停滾動，反而容易造成凹凸不平。

---

## 3 加入蛋黃

加入蛋黃後，使用食物調理機攪拌。以按停按停方式視情況反覆攪拌。

## 4 攪拌至肉臊狀

攪拌至微濕且呈肉臊狀。

## 5 靜置鬆弛

將麵團裝入塑膠袋中，從上方按壓成團。整理成長方形後靜置於冷藏室1個小時以上。

## 6 延展

輕輕撒上手粉（建議使用高筋麵粉·分量外），邊以擀麵棍延展成厚度一致的圓形麵皮，約比塔圈大一圈。參照上述作法。

---

 為什麼需要頻繁轉動·停止食物調理機？

 為了防止攪拌過度。

加了蛋黃（水分）的麵粉在揉捏作用下形成麵筋，導致烤焙後的口感變硬。關鍵在於加入蛋黃（水分）後不要攪拌過度，**透過頻繁轉動·停止食物調理機，視情況調整攪拌程度**，這樣才能避免發生攪拌過度的情形。

Q 如何確認麵團的攪拌程度？

A 握在手心能夠成團就OK了。

取少許肉臊狀的**麵團放在手心，用力一握可以成團**就OK了。

 為什麼需要靜置鬆弛麵團？

 為了方便延展麵團。

透過靜置冷卻可以使奶油變紮實，不僅**不會沾黏於擀麵棍上，也比較容易延展**。另一方面，靜置也具有減弱筋性的效果。在這個狀態下置於冷凍庫裡，可以保存2個星期。使用之前先放在冷藏室裡解凍。

Q 順利延展麵團的訣竅？

A 加快延展速度。

為避免麵團變軟，延展速度要加快。室溫使麵團的溫度升高，造成奶油融化而變得黏手，而且還會降低烤焙後的酥脆感。**為避免麵團變軟而影響作業，可以暫時先將麵團置於冷藏室裡**，冷卻變硬後再開始進行延展作業。

×失敗範例3

## 厚度不一致

●原因

**過度用力按壓
邊緣麵團所致。**

將麵團鋪於塔圈裡時，過度用力
按壓邊緣容易造成凹凸不平且厚
度不一致。另外也可能導致未能
將麵團確實填至邊邊角角，或者
邊角的麵團太厚。**切記側面和底
部的麵團厚度需一致。**

×失敗範例4

## 沒有將邊緣
## 切割整齊

●原因

**麵團太軟的狀態下
以刀子切割所致。**

將麵團鋪於塔圈後，沒有預留鬆
弛時間，在麵團尚柔軟的狀態
下，**以刀子按壓切割邊緣多餘的
麵團，導致切面參差不齊。**若又
直接放入烤箱烤焙，麵團容易因
為回縮而更顯得高低不平。

---

7 **覆蓋於塔圈上**

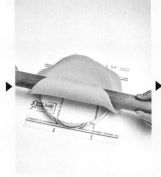

先將塔圈置於烘焙紙上，以
擀麵棍取麵皮從對側往身體
側輕輕覆蓋在塔圈上。

8 **鋪於塔圈內**

以擠壓邊緣的方式將麵團緊
密貼合於塔圈內側面與每個
角落。

9 **靜置鬆弛**

鋪好麵皮後靜置於冷藏室
30分鐘。為避免底部塌
陷，連同烘焙紙一起移動。

10 **切割
多餘麵團**

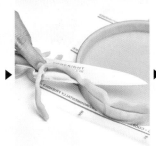

以刀子切割邊緣多餘的麵
團。注意切割時刀子要由內
朝向外側。

---

Q 將麵團鋪在塔圈裡的訣竅？

A **厚度一致且緊密貼合。**

**將麵團覆蓋於塔圈裡上**，於邊緣處稍微
摺一下，方便填入底部和角落。用拇指
沿著塔圈邊緣輕輕按壓一圈，讓麵團貼
合於塔圈側面。確保邊緣和底部的麵團
厚度一致且緊密貼合。

Q 為什麼切割邊緣多餘的麵團之前
需要再次冷卻？

A **為了切面整齊且防止烤焙時回縮。**

鋪麵團過程中，麵團開始慢慢變軟，建議**先放入冷藏室讓麵
團變緊實**，這樣才能將邊緣切割整齊且不易產生皺褶。另
外，延展後的麵團於烤焙時容易回縮，透過靜置鬆弛可以**減
少縮小的程度。**

◆杏仁餡的製作方法
製作杏仁餡時，只需要依序加入材料並混合攪拌均勻就好。將砂糖分2次加入軟化的奶油裡，充分拌勻。接著同樣分2次加入打散的全蛋，同樣充分拌勻。最後再依序加入杏仁粉、蘭姆酒、肉桂粉，混合攪拌均勻即可。

步驟 12 的訣竅
杏仁餡經烤焙後膨脹
杏仁餡經烤焙後會膨脹，基於避免上層配料向外溢出，只製作7成分量的杏仁餡就好。**改用不同尺寸的烤模時，請務必留意杏仁餡的用量。**

## 11　完整鋪好麵皮

將厚度均一的麵皮緊密貼合於塔圈內。靜置於冷藏室。

## 12　製作杏仁餡

將奶油攪拌至鮮奶油狀（參照P.11），然後依序加入食材並混合攪拌均勻。參照上述作法。

## 13　香蕉切片

將香蕉切成1cm厚度的圓形切片。

## 14　倒入杏仁餡

將11移動至烤墊上，並將杏仁餡倒入麵皮裡。

---

Q 家裡沒有烤墊時？

A 也可以使用烘焙紙或烤盤紙。

烤墊是一張充滿網狀洞孔的烘焙墊，有助於讓塔派底部烤焙得酥鬆脆口（參照P.47）。**若家裡沒有烤墊，可以使用烘焙紙或烤盤紙取代，但記得於烘焙前先使用叉子在整個麵團底部戳洞（類似網眼布的感覺）。** 目的是讓火候穿透麵團，也為了讓麵團於烤焙過程中緊貼合於底部。家裡沒有塔圈時，可以使用P.97中的有活動底部的塔派烤模，同樣務必先於麵團底部戳洞。

Q 製作杏仁餡的訣竅？

A 注意不要油水分離。

**一開始奶油過硬或雞蛋溫度太低，都容易造成油水分離，務必先恢復至室溫後再使用。** 杏仁餡不需要飽含空氣，只需要將食材全部混合攪拌均勻就OK了。

Q 為什麼將香蕉切成薄片？

A 避免沉入底部，進而造成派塔烤焙時半生不熟。

厚切香蕉容易因為過重而沉入底部，進而導致杏仁餡外溢。而另一方面，**香蕉太多時，也會因為水分增加造成火候不易穿透，使派塔於烤焙時半生不熟。**

**✕ 失敗範例 5**

## 半生不熟

**●原因**

### 烤焙時間不足

整體烤色偏白表示烤焙時間不夠。**烘焙塔派麵團或杏仁餡時，務必烘烤至香氣四溢且確實均勻上色為止。**

**步驟 17 的訣竅**

### 只炙燒香蕉配料

杏仁餡容易烤焦，這裡只針對香蕉配料進行重點式炙燒，不僅充滿香氣，也賦予整體外觀畫龍點睛的效果。家裡沒有瓦斯噴火槍時，可以省略這個步驟。

**步驟 18 的訣竅**

### 注意加水量

只添加少量水，加熱後不至於完全熬煮到乾，而且軟硬度也非常適合塗抹於蛋糕體上。但添加過量的水，不僅果醬變得太稀薄，也容易滲透至塔派裡面。除此之外，**反覆加熱後，果醬因為變黏稠而不容易塗抹。**

---

## 15 排列香蕉

將香蕉切片整齊排列於杏仁餡上。

## 16 烤焙

放入預熱至180度C烤箱中烤焙35～40分鐘。

## 17 營造炙燒感覺

若家裡有瓦斯噴火槍，可進一步使用瓦斯噴火槍營造炙燒感覺。參照上述作法。

## 18 熬煮果醬

熬煮收尾用的果醬。參照上述作法。

---

**Q** 排列香蕉片的訣竅？

**A** 排滿邊緣，中間不要太多。

排列時要平鋪，不要重疊。外圈排滿，但不要緊貼著塔圈內側壁。中心部位由於火候不易穿透，盡量不要排得過多過密。擺上去就好，不要按壓。

**Q** 如何確認烤焙完成？

**A** 塔派回縮時，代表烤焙完成。

烤焙至邊緣到中心處逐漸上色為止。**當塔圈與麵團之間產生縫隙（出現回縮現象），代表烤焙完成。**

**脫離塔圈**
稍微置涼後，小心地拿起塔圈。

**Q** 熬煮果醬的訣竅？

**A** 加熱至沸騰，使其完全成液體狀。

將過篩類型的果醬（參照P.40）倒入小鍋裡，加入果醬分量1/5左右的水。為避免燒焦，**以中火加熱時要持續攪拌，熬煮至沸騰且完全呈液體狀。**

步驟 20 的訣竅
**事先烘烤杏仁片**

生杏仁片沒有足夠的香氣,使用之前先以烤箱烘烤備用。**生杏仁片鋪於烤盤上,以170度C烤箱烘烤6~8分鐘。**為了使烤色更加勻稱,烘烤過程中稍微攪拌後再繼續烘烤數分鐘,特別留意不要烤焦。

## 19 塗抹果醬

於塔派上塗抹果醬。接下來要將杏仁片裝飾於邊緣,所以果醬盡量塗抹至邊緣處。

## 20 烘烤

烘烤生杏仁片。參照上述作法。

## 21 裝飾杏仁片

將烘烤過的杏仁片裝飾於邊緣。

## 22 收尾

最後在邊緣撒上防潮糖粉。

Q 塗抹果醬的技巧?

A 刷毛盡量平行於塔派。

趁果醬還溫熱時,快速塗抹於塔派上。**讓刷毛盡量平行於塔派,大範圍且快速塗抹**,邊緣處也要塗抹果醬。特別注意反覆左右塗抹,或者果醬溫度太低變黏稠,都容易造成表層果醬變厚且不均勻。

Q 將糖粉撒於邊緣的訣竅?

A 撒在靠近邊緣的地方。

訣竅是將防潮糖粉**撒在邊緣**而不是塔派中間。**局部撒糖粉的情況下,盡量將糖粉篩罐靠近派塔。**而使用濾茶篩網時,同樣靠近塔派,然後以手指按壓方式讓糖粉落在塔派上。**局部撒糖粉時,建議使用糖粉篩罐會比較順手且方便。**

# 法式甜塔皮應用重點

## 1
### 增添風味

製作甜塔時，大多直接使用原味法式甜塔皮搭配杏仁餡或餡料等一起烤焙，或者先經過盲烤後再倒入餡料烤焙。其實我們也可以在塔皮本身添加風味，藉由食材的組合增加不同風味，不僅更加突顯糕點的重點風味，也能使風味更具深度與層次。

## 2
### 水分含量多的配料需要多花點精力事前處理

搭配杏仁餡一起烤焙的水果水分含量較多，恐導致甜塔半生不熟。務必以廚房紙巾等確實吸乾水分再使用。或者輕輕撒些麵粉，讓麵粉於烤焙時在水果周圍形成薄膜，進而使水分不易轉移至麵團裡。

## 3
### 使用水分含量多的餡料或奶油等，預先經過盲烤

搭配卡士達醬等水分含量多的餡料一起烤焙時，由於火候不易穿透塔皮，容易造成塔皮半生不熟且難以烤出塔皮香氣。建議採用一至二個階段的「盲烤」方式，也就是先單純烤塔皮部分，然後填餡後烤至半熟，最後倒入奶油或慕斯後再烤至全熟。

## 盲烤技巧

### 1 鋪上烘焙紙

鋪好塔皮麵團後，靜置於冷藏室鬆弛30分鐘以上。剪裁一張比塔圈大的烘焙紙，在烘焙紙四周剪切口使其緊密貼合於塔皮上。

### 2 倒入烘焙石

倒入烘焙石至塔皮邊緣的高度，放入預熱至180度C烤箱中烤焙15分鐘左右（依塔皮大小調整烤焙時間）。

### 3 烤焙

邊緣上色後即可出爐，靜置一旁放涼。

### 4 移除烘焙石

小心拿起烘焙石和烘焙紙。塔皮非常脆弱，動作務必謹慎輕柔。目前是半熟狀態。想要烤到完全熟透，再次以180度C烤箱烤焙至完全上色且充滿香氣。

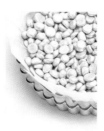

將水分含量多的水果
緊緊鎖在甜塔中

Tarte au Pamplemousse
**柑橘葡萄柚塔** 上

Tarte aux Abricots Coco
**杏桃椰子塔** 下

以酥脆的法式甜塔皮為基底，
搭配酸酸甜甜的杏桃與椰子。
將罐裝糖漬水果的美味鎖在甜
塔裡時，適當的分量與確實的
事前準備是重要關鍵。搭配像
是葡萄柚等高含水量的柑橘類
水果時，事前準備工作同樣重
要。

### 烤模準備工作

不需要事前塗抹奶油。

**材料**　直徑18cm活動式塔模1個分量

**事前準備**

參照P.89～P.92製作法式甜塔皮並鋪於烤模裡。

使用有底座的塔模，鋪好之後務必以叉子在整個底部戳洞（類似網眼布的感覺）。目的是為了讓火候容易穿透，避免塔皮底部因回縮而浮起。**以添加橙皮、椰子細粉取代肉桂粉製作杏仁餡，然後平鋪於塔皮上。**

◆將杏桃汁液確實瀝乾，對半切。以廚房紙巾上下包覆，靜置一段時間以吸乾水分。

**烤焙時間**　180度35～40分鐘

#### ●法式甜塔皮

| | |
|---|---|
| 低筋麵粉 | 70g |
| 糖粉 | 25g |
| 無鹽奶油 | 35g |
| | 事先置於冷藏室備用 |
| 蛋黃 | 1顆分量 |
| | 事先置於冷藏室備用 |

#### ●杏仁餡

| | |
|---|---|
| 無鹽奶油 | 50g |
| | 事先恢復室溫備用 |
| 砂糖 | 50g |
| 全蛋 | 50g |
| | 事先恢復室溫備用 |
| 杏仁粉 | 50g |
| 刨絲橙皮 | 1/4顆分量 |
| 椰子細粉 | 15g |

#### ●配料

| | |
|---|---|
| 杏桃（罐裝） | 8塊 |
| 低筋麵粉 | 少許 |

#### ●裝飾

| | |
|---|---|
| 杏桃果醬（過篩類型） | |
| | 適量 |
| 水 | 適量 |
| 椰子絲條 | 適量 |
| | 椰子細粉也可以 |
| 防潮糖粉 | 各適量 |

---

## 1 在杏桃上撒粉

以濾茶篩網撒些低筋麵粉在瀝乾水分的杏桃上，翻面同樣撒些麵粉。

## 2 排列在杏仁餡上，烤焙

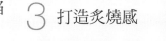

杏桃排列在杏仁餡上，放入預熱至180度C烤箱中烤焙35～40分鐘。

## 3 打造炙燒感

出爐後以瓦斯噴火槍炙燒杏桃，加深烤色讓整體更顯美味。

## 4 裝飾

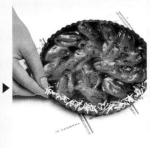

參照P.93～P.94，塗抹杏桃果醬，並在邊緣撒椰子絲條和糖粉作為裝飾。

---

### Q 為什麼需要在杏桃上撒麵粉？

**A 避免塔皮於烤焙時半生不熟。**

罐裝水果的水分含量高，事先在水果上撒麵粉，可以避免烤焙時水分滲透至麵團裡而造成半生不熟。重點在於對半切開後，以廚房紙巾確實吸乾水分。

### Q 排列杏桃的訣竅？

**A 排滿整個塔皮。**

從最外圈開始排列，不要緊貼邊緣，稍微間隔一小段距離，約擺放11塊杏桃。烤焙期間會稍微向內側回縮，所以**盡量排滿最外圈**。而內側則像花瓣般擺上5塊杏桃。

**◆製作柑橘葡萄柚塔時**

食材同杏桃椰子塔。

杏仁餡的部分，以刨絲葡萄柚皮取代刨絲橙皮。

配料改用新鮮紅寶石葡萄柚。取出果肉後同樣撒上低筋麵粉，並以同樣方式烤焙。

最後塗抹杏桃果醬，並且於邊緣撒上糖粉。

沒有。不需要事前塗抹奶油。

## 材料
直徑12cm活動式塔模2個分量

### ●法式甜塔皮
低筋麵粉 ················· 70g
糖粉 ······················· 25g
無鹽奶油 ················· 35g
　　　　事先置於冷藏室備用
蛋黃 ················· 1顆分量
　　　　事先置於冷藏室備用

### ●杏仁餡
無鹽奶油 ················· 35g
　　　　事先恢復室溫備用
砂糖 ······················· 35g
全蛋 ······················· 35g
　　　　事先恢復室溫備用
杏仁粉 ···················· 35g
蘭姆酒 ······················ 4g

### ●奶酥
無鹽奶油 ················· 15g
糖粉 ······················· 15g
低筋麵粉 ················· 30g
水 ··························· 2g

### ●配料
喜歡的水果（柳橙、
西洋梨（罐裝）栗子甘露煮、
杏桃（罐裝））、水果乾等
···························· 適量
杏桃果醬（過篩類型）
···························· 適量
水 ·························· 適量
防潮糖粉 ·············· 各適量

### 事前準備
參照P.92製作杏仁餡。這道食
譜不使用肉桂粉，只以蘭姆酒
增添風味。

### 烤焙時間
170度25～30分鐘

法式甜塔皮初級篇❷

將喜歡的水果
烤進奶酥麵團裡的迷你塔
**Tarte Streusel**
# 奶酥塔

以可愛迷你的塔模將喜歡的水果和奶酥麵團烤焙在
一起。小巧玲瓏的迷你塔，就算是初學者也能輕鬆
駕馭。在這道食譜中，我們進一步撒上酥鬆脆口的
「Streusel（奶酥麵團）」，既增添口感，也讓外
觀更具特色。

## 1 製作基底

同P.97的事前準備，製作基底。將法式甜塔皮和杏仁餡各分成2等分，並鋪於2個烤模中。

## 2 事前處理水果備用

使用罐裝水果時，務必事先瀝乾汁液。無論新鮮水果或罐裝水果，同樣切小塊或切成薄片。

## 3 製作奶酥

將固體奶油、糖粉、低筋麵粉倒入食物調理機中，攪拌至奶油呈細碎粉末狀。

## 4 攪拌呈肉臊狀

加水（分量內）並慢慢攪拌至整體呈肉臊狀。盛裝在料理盆中並置於冷藏室冷卻備用。

## 5 擺放水果

將事前準備好的水果擺放在杏仁餡上面，注意不要交疊，也不要過度擺放。

## 6 撒上奶酥並烤焙

在邊緣撒奶酥。放入預熱至170度C烤箱中烤焙25～30分鐘，稍微置涼後脫模。

## 7 收尾

塗刷杏桃果醬或紅色果醬（參照P.45～P.46），將糖粉撒在邊緣後就完成了。

 什麼是Streusel（奶酥麵團）？

 呈肉臊狀的裝飾配料。

奶酥是一種呈肉臊狀的餡料，撒在甜塔、奶油蛋糕或**水果上**，經烤焙後有一種非常酥鬆香脆的口感。製作方法式同甜塔皮，訣竅在於直接使用固體狀奶油。

 攪拌至什麼程度？

A 攪拌至微濕的肉臊狀。

**攪拌至微濕的肉臊狀**。過度攪拌成一團，容易因為產生麵筋而使口感變硬，這一點務必多留意。**盛裝在料理盆裡，並置於冷藏室裡冷卻備用。**

 裝飾奶酥的方法？

A 只撒在邊緣而非整個表面。

**稍微覆蓋水果的程度就好，只撒在邊緣一圈。這樣也比較能夠突顯擺在中間的水果。**若想整體充滿奶酥口感，整個表面都撒上奶酥也OK。

 收尾的注意事項？

A 塗抹果醬打造光澤感，在邊緣輕撒糖粉。

**參照P.93～P.94，於水果部分塗刷杏桃果醬。**李子乾口味的迷你塔上，也可以塗刷添加覆盆子泥的**紅色果醬（參照P.45～P.46）**。最後在邊緣撒一圈防潮糖粉。

## 烤模準備工作

不需要事前塗抹奶油。先準備
一張比塔圈大的烘焙紙或烤
墊。

**材 料** 直徑16cm．高2cm
塔圈1個分量

●法式甜塔皮

| | |
|---|---|
| 低筋麵粉 | 70g |
| 糖粉 | 25g |
| 無鹽奶油 | 35g |
| 事先置於冷藏室備用 | |
| 蛋黃 | 1顆分量 |
| 事先置於冷藏室備用 | |
| 濃縮咖啡用的細研磨咖啡粉 | |
| | 4g |
| （也可以使用2g | |
| 即溶咖啡粉取代） | |

●咖啡焦糖牛軋糖

| | |
|---|---|
| 無鹽奶油 | 20g |
| 砂糖 | 20g |
| 蜂蜜 | 15g |
| 鮮奶油 | 15g |
| 即溶咖啡粉（粉末類型） | |
| | 4g |
| 杏仁片 | 40g |

**事前準備**

參照P.89～P.90製作添加濃
縮咖啡用細研磨咖啡粉的法式
甜塔皮。置於冷藏室鬆弛1小
時以上，撒上手粉並擀成直徑
16cm的圓形塔皮，然後鋪在
置於烘焙紙上的塔圈底部。沒
有準備烤墊，而是使用烘焙紙
烤焙的情況下，請先於塔皮底
部戳洞。

**烤焙時間**
180度15分鐘

法式甜塔皮高級篇❶

## 空烤法式甜塔皮後
## 填入焦糖牛軋糖繼續烤焙
### Florentin Café
# 佛羅倫丁咖啡餅

充滿令人無法抗拒的堅果香氣，令人愛不釋手的佛羅倫丁咖
啡餅。基底的法式甜塔皮和焦糖牛軋糖的所需烤焙時間不一
樣，為了製作酥鬆香脆的佛羅倫丁咖啡餅，訣竅在於事先空
烤基底。在這道食譜中，無論塔皮或焦糖牛軋糖都添加咖啡
風味，打造一股濃郁的成熟香氣與滋味。

## 1 平鋪於烤模

將添加咖啡風味的法式甜塔皮鋪在塔圈底部，置於冷藏室冷卻緊實。

## 2 空烤

連同塔圈置於烤墊上，放入預熱至180度C烤箱中烤焙15分鐘左右。稍微上色即可取出。

## 3 製作焦糖牛軋糖

將杏仁片以外的食材放入小鍋裡，以中火邊攪拌邊熬煮。熬煮至有黏稠度。

## 4 放入杏仁片

攪拌至可以看到鍋底且有濃稠度時，關火並放入杏仁片，輕輕攪拌均勻。

## 5 填入焦糖牛軋糖

將焦糖牛軋糖趁熱倒入空烤好的法式甜塔皮上並鋪平。

## 6 烤焙

放入預熱至180度C烤箱中烤焙15分鐘左右。整體呈濃郁烤色後即可出爐。

## 7 倒扣並拿掉塔圈

靜置3～4分鐘後，連同塔圈倒扣在砧板上，趁熱拿掉烤墊和塔圈。

## 8 分切

立刻使用菜刀將咖啡餅分切成10等分。翻面靜置放涼。

---

**Q 熬煮焦糖牛軋糖的訣竅？**

**A 熬煮至相當濃度。**

剛開始熬煮時，整體很滑順，沒有黏稠感，但慢慢開始出現細小氣泡且變白。**繼續熬煮至攪拌時可以看見鍋底的濃稠度就OK了**。務必注意，熬煮過度反而會焦化成乾焦糖狀。

**Q 如何順利塗抹焦糖牛軋糖？**

**A 趁熱平抹在基底塔皮上。**

焦糖牛軋糖一旦冷卻，容易因為過於黏稠而無法順利延展，一定要**趁熱且快速地使用橡皮刮刀以按壓方式均勻平抹在塔皮上**。在這個步驟中若沒有確實平抹，烤焙後的成品可能凹凸不平。

**Q 為什麼要反面切？**

**A 為了工整分切。**

溫熱的焦糖牛軋糖還很柔軟，直接以菜刀分切的話，容易因為擠壓杏仁片而無法工整分切。另一方面，**剛出爐即倒扣在砧板上的話，焦糖牛軋糖容易沾黏在砧板上，建議先靜置數分鐘後再倒扣，然後一脫模立刻分切。**

**Q 分切的訣竅？**

**A 趁溫熱以輕壓方式分切。**

**咖啡餅完全冷卻後會變硬，這時勉強分切反而容易造成碎裂，務必趁熱使用菜刀以輕壓方式分切成數塊**。像鋸子般前後移動是大大NG。分切並冷卻後再放入密封容器，置於陰涼處或冷藏室裡保存。

沒有。不需要事前塗抹奶油。

**材料** 邊緣直徑7.5cm，
高2.5cm
蛋塔杯4個分量

● 法式甜塔皮
低筋麵粉 ………………… 70g
糖粉 …………………… 25g
無鹽奶油 ………………… 35g
　　　事先置於冷藏室備用
蛋黃 …………………… 1顆分量
　　　事先置於冷藏室備用

● 栗子醬
栗子泥 ………………… 100g
全蛋 …………………… 淨重55g
砂糖 …………………… 10g
榛果粉 ………………… 10g

● 配料
帶薄膜栗子甘露煮 …… 小6顆
　　　先以廚房紙巾瀝乾備用

● 榛果達克瓦茲
蛋白 …………………… 40g
砂糖 …………………… 18g
低筋麵粉 ………………… 8g
榛果粉 ………………… 45g
糖粉 …………………… 45g

● 裝飾
糖粉、榛果、帶薄膜栗子
甘露煮 ………………… 各適量

**事前準備**
參照P.89～P.90製作法式甜
塔皮，置於冷藏室鬆弛1小時以
上。

◆ 使用帶皮直接研磨的榛果
粉，香氣與風味格外濃郁。取
代杏仁粉製作常溫甜點，打造
獨具特色風味。

**烤焙時間**
180度25～30分鐘

*Arrangement avancé*

**法式甜塔皮高級篇❷**

製作烤焙栗子餡料
搭配榛果達克瓦茲的迷你塔
Piemont
# 皮埃蒙特榛果塔

酥脆的法式甜塔皮、濕潤濃厚的栗子醬、香脆蓬鬆
的榛果達克瓦茲，三種完全不同的質地，完美結合
出令人食指大動的美味與口感。使用契合度絕佳的
榛果粉與栗子，打造濃郁香氣和獨特風味。

## 1 製作塔皮

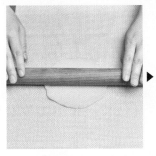

將塔皮麵團分成4等分，邊撒手粉邊用擀麵棍延展成直徑約12cm，厚度約2.5～3mm的圓形塔皮。

## 2 鋪於蛋塔杯裡

參照P.91鋪於蛋塔杯裡。底部和側面的厚度一致，緊密貼合於蛋塔杯裡。

## 3 邊緣切割整齊

先靜置於冷藏室裡冷卻，然後再用小刀順著邊緣切掉突出多餘的塔皮。

## 4 戳洞

用叉子在整個底部戳洞，為了讓火候容易穿透，也為了避免底部因回縮而向上浮起。

## 5 製作栗子醬

將栗子泥倒入食物調理機，攪拌至整體呈肉臊狀。

## 6 添加蛋液

將蛋液分2次添加，每一次都要確實攪拌均勻。然後再加入砂糖和榛果粉，同樣混拌均勻。

## 7 整體混拌均勻

將栗子醬盛裝在料理盆中，使用橡皮刮刀將整體攪拌均勻至滑順。

## 8 填入蛋塔杯中

將栗子醬均勻分成4等分，倒入4裡面，然後將3塊對半切開的帶薄膜栗子甘露煮輕壓在栗子醬上。

---

Q 製作栗子醬的訣竅？

A 攪拌至滑順的鮮奶油狀。

栗子泥偏黏糊狀，必須**充分攪拌至細膩滑順**，才方便與其他食材混合在一起。液體狀的全蛋蛋液不易與栗子泥混拌在一起，**千萬不要一次全部倒進去，建議分成二次，每一次都務必攪拌至滑順**。最後再加入砂糖和榛果粉。

Q 為什麼需要盛裝至料理盆中？

A 為了讓所有材料更加均勻混合在一起。

使用食物調理機攪拌時，可能有些部分無法完全拌勻，**必須盛裝至料理盆中，將整體全部拌勻後再使用**。

Q 添加帶薄膜栗子甘露煮的訣竅？

A 瀝乾水氣，輕壓至栗子醬裡。

**事先用廚房紙巾從上下包覆帶薄膜栗子甘露煮以瀝乾水氣，然後對半切開。以輕壓方式將3塊栗子甘露煮擺在栗子醬上。**若不輕壓處理，容易影響之後均勻擠花榛果達克瓦茲。

## 9 製作榛果達克瓦茲

製作蛋白霜。打發蛋白過程中分2次添加砂糖。

## 10 確實打發

打發至尖角挺立的乾性蛋白霜。

## 11 篩入粉類

將低筋麵粉、榛果粉、糖粉一起過篩至料理盆中，以橡皮刮刀均勻混合在一起。

## 12 均勻混拌

攪拌至沒有粉末感為止。多少看得到零星的蛋白霜也沒關係。

## 13 擠花

將榛果達克瓦茲蛋白霜填入裝有聖歐諾黑形花嘴的擠花袋中，從邊緣向中心擠花。

擠花時蛋白霜互相緊鄰，中間不要有空隙。每一次擠花時都略帶點弧度。

大小要一致，整體呈放射狀。一次擠出足夠分量，不要一點一點慢慢擠。

擠出漂亮的花瓣狀蛋白霜。為避免消泡，擠花動作要迅速。

---

Q 聖歐諾黑形花嘴的尺寸？

A V字形切口為15mm的15號花嘴。

家裡沒有聖歐諾黑形花嘴時，使用手邊任何一款花嘴都OK。使用圓形花嘴或星形花嘴時，可以擠出大量蛋白霜，像是覆蓋整個甜塔般。

Q 擠花訣竅？

A 擠花袋要垂直於甜塔。

將榛果達克瓦茲蛋白霜填入裝有花嘴的擠花袋中，大約擠花袋一半的分量，垂直拿握擠花袋。從距離邊緣1cm左右的內側開始擠花。一開始先用力擠，當蛋白霜沒有從邊緣突出去後，開始以小小畫圓的方式朝向中心擠壓。

Q 製作榛果達克瓦茲蛋白霜的注意事項？

A 打發至分量感十足的乾式蛋白霜。

打發蛋白，開始膨脹有分量感時，將砂糖分2次添加，每一次都要確實打發。起初添加砂糖時會因為不易打發而變成沒有分量感的蛋白霜，這一點需格外留意。提起攪拌器時，蛋白霜尖角挺立的程度就算完成了。

Q 混拌榛果達克瓦茲蛋白霜的訣竅？

A 以由下往上撈取的方式細心攪拌。

使用橡皮刮刀以由下往上撈取的方式，細心混拌所有食材。攪拌時盡量不要戳破氣泡。過篩粉類時會殘留一些榛果薄膜，但這些薄膜充滿濃郁香氣，建議不要丟棄，一併添加至食材中攪拌均勻。

Q 攪拌至什麼程度？

A 攪拌至沒有粉末感就OK了。

攪拌至沒有粉末感，殘留一些白色蛋白霜的狀態。不要過度用力攪拌，盡量小心不要戳破氣泡。

## 14 撒糖粉

用濾茶篩網撒上大量糖粉，再隨機撒些切小塊的榛果。

## 15 烤焙

放入預熱至180度C烤箱中烤焙25～30分鐘。

## 16 裝飾

瀝乾裝飾用的帶薄膜栗子甘露煮，取1個半裝飾在榛果塔上。

剖面

Q 為什麼烤焙前需要撒糖粉？

A 為了避免擠花蛋白霜變形。

撒上大量糖粉有助於在蛋白霜表面形成薄膜，讓蛋白霜於烤焙時不容易變形。而且，經烤焙後變得表面脆口，內層濕潤。使用一般糖粉即可。最後擺放栗子甘露煮，並且輕輕往下壓。

Q 如何確認烤焙完成？

A 烤焙至確實均勻上色。

烤焙至邊緣的塔皮也確實上色。最簡單的依據是塔皮膨脹至稍微脫離烤模的「回縮」時即可準備出爐。稍微放涼後小心倒扣烤模就能輕易脫模。待完全冷卻後再次輕撒糖粉並擺放裝飾配料就大功告成了。

將香氣濃郁的餡料
填塞在
厚厚塔皮裡烤焙

Engadine
# 森林裡的
# 焦糖核桃派

厚厚的塔皮裡填塞大量焦糖核桃，出爐的瞬間，濃郁香氣瀰漫空氣中。塔皮裡添加少許清爽的檸檬香氣，餡料中加入蘭姆葡萄乾，風味獨特且具有層次感。只要一小塊，濃厚滋味足以讓人充滿滿足感。

### ● 法式甜塔皮

| | |
|---|---|
| 低筋麵粉 | 210g |
| 糖粉 | 75g |
| 無鹽奶油 | 105g |
| | 事先置於冷藏室備用 |
| 蛋黃 | 3顆分量 |
| | 事先置於冷藏室備用 |
| 檸檬皮 | 1/2顆分量 |

### ● 焦糖餡料

| | |
|---|---|
| 砂糖 | 70g |
| 水 | 25g |
| 鮮奶油 | 70g |
| 蜂蜜 | 10g |
| 無鹽奶油 | 10g |
| 核桃 | 80g |
| 蘭姆葡萄乾 | 35g |

### ● 塗刷蛋液

| | |
|---|---|
| 蛋黃 | 1顆分量 |
| 即溶咖啡（粉末類型） | 少量 |
| 水 | 少量 |

### ◆ 核桃

烘焙店裡販售的核桃多半是生核桃，必須事先烘烤以增加香氣。放入預熱至180度C烤箱中烘烤8～10分鐘後切碎備用。注意不要切得過於細碎。

※蘭姆葡萄乾置於瀝水盤上瀝乾，再攤平於廚房紙巾上，確實吸乾水分。

**烤焙時間** 180度35～40分鐘

---

## 烤模準備工作

沒有。不需要事前塗抹奶油。

**材 料** 24cm×10cm活動式
長方形塔模1個分量

**事前準備**
參照P.89～P.90製作法式甜塔皮，置於冷藏室鬆弛。這道食譜於麵團裡添加刨絲檸檬皮（只使用黃色表皮部分）。另外，250g的塔皮麵團用於鋪底，150g的塔皮麵團用於覆蓋，其餘麵團則作為裝飾用。

---

## 1 塔皮 鋪於烤模底部

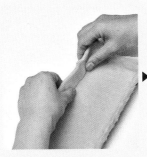

取250g塔皮麵團鋪於烤模底部。事先將塔皮延展至比烤模大，然後緊密貼合於烤模內側。

## 2 底部戳洞後 冷凍

塔皮麵團置於冷藏室鬆弛，之後再切除邊緣多餘麵團，於底部戳洞後置於冷凍庫。

## 3 製作焦糖餡料

將砂糖和水熬煮成焦糖色，然後立刻倒入加熱過的鮮奶油和蜂蜜。參照下述作法。

## 4 熬煮

再次加熱，邊攪拌邊熬煮。溫度達115度C時關火，加入奶油。參照下述作法。

---

**Q** 為什麼將塔皮鋪於烤模底部後需要冷凍處理？

**A** 為了避免焦糖餡料沉入塔皮裡。

透過冷凍讓塔皮變硬，然後再填入焦糖核桃，這樣**可以避免餡料沉入塔皮裡**。

**Q** 焦糖醬熬煮程度？

**A** 熬煮至偏濃稠的焦糖色。

將砂糖和水倒入小鍋中，以中火加熱熬煮至偏濃稠的焦糖色後即關火。**熬煮程度不夠的話，只會有甜味，而沒有焦糖香氣和淡淡的苦味。**

**步驟 3、4 的訣竅**
**製作焦糖醬時小心燙傷！**
小心不要被蒸氣燙傷手。**為避免熱氣或飛濺的焦糖燙傷手，建議戴上隔熱手套。**另一方面，添加蜂蜜是為了提升風味和口感。

## 5 添加配料

將烘烤過且切碎的核桃、蘭姆葡萄乾倒入鍋裡，和焦糖醬混拌在一起，製作焦糖餡料。

## 6 冷卻

為避免焦糖餡料太燙而使塔皮軟化，務必先靜置冷卻。

## 7 填入餡料

將焦糖餡料填入冷凍塔皮中，從上方輕壓抹平。

## 8 延展麵團

取150g法式甜塔皮麵團，邊撒手粉邊延展成比烤模大一些的長方形（24×10cm）。

## 9 覆蓋塔皮

將延展成長方形的塔皮覆蓋在7上面，小心切除四邊多餘的塔皮。

## 10 壓模

將剩餘的法式甜塔皮麵團延展成片狀，使用2種不同形狀的小型葉片壓模器壓模。

## 11 製作塗刷蛋液

以數滴的水溶解即溶咖啡粉，加入打散的蛋黃蛋液裡並攪拌均勻。參照下述作法。

---

Q 為什麼需要將焦糖餡料事先冷卻備用？

A 過熱的焦糖餡料會融化塔皮麵團。

一旦塔皮麵團融化，奶油具有的「酥脆性」會跟著消失，導致無法將塔皮烤得香酥脆口。另一方面，為了讓餡料不會凹凸不平，填入時先以橡皮刮刀輕壓至沒有縫隙，因此必須先**於步驟2中冷凍備用**以避免餡料沉入塔皮裡。

Q 覆蓋塔皮的訣竅？

A 緊密覆蓋以避免空氣跑進去。

緊密覆蓋塔皮以避免空氣跑進去。用力壓緊烤模邊緣，並將多餘的塔皮麵團切掉，然後置於冷藏室裡備用。剩餘塔皮麵團用於壓模。

Q 壓模的訣竅？

A 擀平延展後先暫時冷凍一下。

將剩餘的法式甜塔皮麵團全揉和在一起，撒手粉後於烘焙紙上擀平**延展成2～3mm厚的方形**，置於冷凍庫裡變硬。撕掉烘焙紙，然後依個人喜好使用壓模器壓模，處理好之後再次置於冷凍庫裡備用。

**步驟11的訣竅**

**注意加水量**
**加太多水會使蛋液過於稀薄**，導致無法確實附著於塔皮上**而難以打造美麗光澤**，務必只用少量的水溶解咖啡粉。塗刷添加咖啡的蛋液，不僅烤色略為變深，看起來也更加美味。

**步驟13 的訣竅**
**裝飾葉片也要塗刷蛋液**
以稍微交疊的方式將壓模葉片裝飾於兩側。剩餘塔皮麵團揉成小球，好比「果實」般撒在表面。**裝飾後同樣塗刷蛋液，再以竹籤畫出葉脈。**

## 12 塗刷蛋液

使用毛刷將蛋液均勻塗刷於整個表面，以叉子刻劃花紋。

## 13 裝飾

將壓模葉片塔皮裝飾在邊緣，同樣塗刷蛋液。參照上述作法。

## 14 打造空氣孔

用小刀在不起眼的地方打造一些小空氣孔。

## 15 烤焙

放入預熱至180度C烤箱中烤焙35～40分鐘。稍微置涼後小心脫模。

---

Q 塗刷蛋液和刻劃花紋的訣竅？

A 均勻塗刷，
用叉子刻劃花紋。

刷毛盡量平行於塔皮表面，均勻且迅速地單向塗刷。而刻劃花紋時，叉子也要盡量平行於塔皮表面，輕輕劃過就好，注意不要插入過深。

Q 為什麼需要空氣孔？

A 避免餡料溢出。

焦糖餡料於烤焙塔皮的過程中沸騰，可能會從四周溢出，所以必須製造空氣孔。沿著花紋線條，在不起眼的地方以小刀打造空氣孔，約8～10個小孔。

Q 脫模的方法？

A 稍微置涼後小心脫模。

稍微置涼後，將烤模倒扣在烘焙紙上，從側面開始脫模，再以小刀前端剝離底部。由於核桃派尚未完全冷卻，容易折斷，脫模時務必格外小心。

# 第5章

# 「酥鬆易咬清脆爽口」
# 使用粒狀奶油
## 法式酥脆塔皮教學

以高溫烤焙使用粒狀奶油的麵團，
奶油一口氣沸騰而使麵團處於類似「油炸」狀態，
口感因此變得一咬就碎，酥鬆清脆。
接下來教大家使用粒狀奶油，製作「法式酥脆塔皮（鬆脆易碎的麵團）」。

## ·············· 使用粒狀奶油製作麵團的重點 ··············

### 1
### 直接使用粒狀冷奶油

使用食物調理機或菜刀、刮板等將奶油同麵粉一起切碎。關鍵在於直接使用切碎後的粒狀冷奶油。奶油顆粒太大或細小到和麵粉差不多都是NG。奶油顆粒務必大小適中。

### 2
### 勿攪拌過度，
### 靜置鬆弛是重要步驟

添加水之後，攪拌過度會導致麵粉產生麵筋，進而使烤焙後的口感偏乾硬。千萬不要過度揉和。另一方面，可以透過靜置鬆弛來降低麵團筋度。

### 3
### 添加於麵團裡的水
### 需事先冷卻備用

為了盡量保持奶油呈粒狀，添加於麵團裡的水需要事先冷卻備用、製作好的麵團先暫時置於冷藏室、延展麵團的速度要加快以避免奶油融化等等，這些都是需要格外留意的小訣竅。

「酥鬆易咬清脆爽口」

Carré Pomme

# 基本麵團
# 法式酥脆塔皮
# 蘋果小方糕

清脆易咬，充滿烤焙香氣，帶有淡淡鹹味的法式酥脆塔皮。
搭配大量杏仁餡和切片蘋果，將所有美味全鎖在酥脆塔皮中。

剖 面

× 失敗範例1

## 烤焙後的成品滿是坑洞

● 原因
### 奶油顆粒過大

若奶油顆粒太大，烤焙時會造成麵團變脆弱而容易出現坑洞，或者烤焙不均勻。**大小適中的奶油顆粒是重要關鍵。**

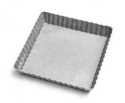

### 烤模準備工作

使用無塗層烤模或不容易脫膜的烤模時，先於內側塗抹薄薄一層奶油。

**材　料** 邊長15cm活動式正方形塔模（約440cm³）1個分量

**● 法式酥脆塔皮**

| | |
|---|---|
| 高筋麵粉 ……………… 35g | 杏仁粉 ……………… 40g |
| 低筋麵粉 ……………… 35g | 蘭姆酒 ……………… 5g |
| 鹽 ……………… 2g | 肉桂粉 ……………… 適量 |
| 砂糖 ……………… 10g | **● 配料** |
| 無鹽奶油 ……………… 35g | 紅玉蘋果 … 中1顆和1/4顆 |
| 　事先置於冷藏室備用 | 蘭姆葡萄乾 ……………… 30g |
| 冷水 ……………… 25g | 　瀝乾水氣，以廚房紙巾 |
| 　事先置於冷藏室備用 | 　吸乾多餘水分 |
| **● 杏仁餡** | 精白砂糖、肉桂粉 … 各適量 |
| 無鹽奶油 ……………… 40g | **● 裝飾** |
| 　事先恢復室溫備用 | 杏桃果醬（過篩類型）… 適量 |
| 砂糖 ……………… 40g | 水 ……………… 適量 |
| 全蛋 ……………… 淨重40g | 防潮糖粉 ……………… 適量 |
| 　事先恢復室溫備用 | |

**烤焙時間**　190度45～50分鐘

## 1 使用食物調理機

將高筋麵粉、低筋麵粉、鹽、砂糖和冷奶油倒入食物調理機中。

## 2 慢慢逐次攪拌

以低速逐次慢慢攪拌。攪拌至奶油大小約莫5～6mm的顆粒狀為止。

 為什麼直接使用冷奶油？

 為了打造明顯的酥脆口感。

**麵團裡的顆粒狀奶油可以使口感更加酥脆。**但倘若一開始就使用已軟化的奶油，會因為在攪拌過程中逐漸融化而與麵粉結合在一起，也比較無法烤焙出預期中一咬就碎的清脆感。另外，這次**添加高筋麵粉也是為了打造酥脆的咬感。**

 為什麼需要逐次攪拌？

 為了避免攪拌過度。

雖然使用食物調理機省時又省力，但使用高速運轉只會使奶油瞬間變成粉末狀，改為低速運轉並視情況逐次將奶油研磨成5～6mm顆粒狀。研磨成細粉末狀的話，烤焙後只會有餅乾的鬆軟感，而不會有塔派的酥脆感。

**使用料理盆處理的情況**

將高筋麵粉、低筋麵粉、鹽、砂糖倒入料理盆中，加入切成1cm立方塊狀的冷奶油後，以刮板切拌均勻。添加冷水後，同樣以切拌方式攪拌。**製作充滿粉末感的麵團。**

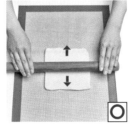

步驟 6 的訣竅

**擀麵棍從中央朝上下兩側滾動**

將擀麵棍先置於麵團中央，朝上方滾動後再回到中央，然後再朝下方滾動，這樣才能擀成厚度一致的塔皮。如果不斷來回滾動，只會導致塔皮凹凸不平。

## 3 倒入料理盆中

將材料放入料理盆中，倒入冷水。使用刮板以切拌方式攪拌均勻。

## 4 攪拌至肉臊狀

攪拌至整體呈微濕的肉臊狀且留有部分粉末感即可。

## 5 裝入塑膠袋中

裝入塑膠袋中，隔著塑膠袋按壓成片狀。置於冷藏室鬆弛1小時以上。

## 6 延展

輕輕撒上手粉（分量外，建議使用高筋麵粉），以擀麵棍延展成比烤模大一些的正方形。參照上述作法。

---

**Q 混拌時的重點？**

**A 添加於食材裡的水必須事先冷卻備用。**

**使用冷水才不會造成粒狀奶油融化，也才能減少麵筋形成。**另外，使用刮板以切菜式混合攪拌，偶爾也要將料理盆底部的麵粉等食材撈至上面，讓上下層的食材互相交換。**看到顆粒較大的奶油時，再稍微切碎一點。**

**Q 攪拌至什麼程度？**

**A 稍微留有粉末感的程度。**

攪拌至整體逐漸變成肉臊狀，而底部還留有一些粉末感的程度就可以了。攪拌或揉捏至整體成型的程度，容易因為形成過多麵筋而使口感變硬，或者烤焙時回縮情況嚴重。

**Q 為什麼需要靜置鬆弛？**

**A 降低麵團筋度（麵筋）。**

混合攪拌麵團時會形成麵筋，鬆弛作業是為了降低筋度，打造酥脆口感。**將稍微留有粉末感的麵團裝入塑膠袋中並靜置鬆弛，讓水分滲透至整個麵團，有助於之後的成型與延展。**在這個狀態下冷凍保存，可以長達2個星期。解凍時改置於冷藏室。

**Q 延展的訣竅？**

**A 麵團太軟時，先置於冷藏室冷卻變硬。**

撒些手粉（高筋麵粉），以擀麵棍延展成邊長24cm，厚度3mm的正方形。麵團太軟導致**延展作業不順暢時，先置於冷藏室裡冷卻，變硬後再繼續延展。**這種麵團的回縮性較大，擀成塔皮時，尺寸需要稍微大一些。

✕失敗範例 2　**未能將邊緣多餘的塔皮切割工整**

●原因　**塔皮未確實冷卻，導致變形。或者切割時過於用力推壓所致。**

鋪於烤模之後，若沒有暫時先置於冷藏室裡冷卻就直接切割邊緣多餘的塔皮，容易因為塔皮過軟而導致變形。另外，**用力推壓刀子也會造成塔皮扭曲而使得切面不工整。**

---

7 **寬鬆地鋪在烤模裡**

將塔皮鋪於烤模裡，不要拉太緊，寬鬆地鋪平就好。

8 **靜置鬆弛**

塔皮麵團會逐漸回縮，所以寬鬆地平鋪就好。置於冷藏室鬆弛30分鐘以上。

9 **按壓緊密貼合**

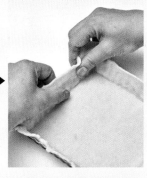

重新以拇指指腹按壓塔皮麵團，使其緊密貼合於烤模側面、四個角落和底部。

10 **切割邊緣多餘麵團**

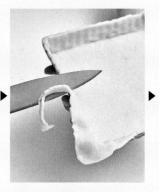

以小刀沿著邊緣將突出於外緣的麵團小心切掉。

---

 覆蓋於塔模時的注意事項？

**寬鬆地覆蓋並鋪平。**

以擀麵棍捲起塔皮，輕輕地從塔模一端往另外一端鋪平，寬鬆覆蓋即可，不要用力按壓。

 為什麼寬鬆鋪平後又需要靜置鬆弛？

**為了避免大幅度回縮。**

一開始就將塔皮緊密貼合於烤模內側並切割邊緣多餘的麵團，之後恐因為塔皮大幅度回縮而使整體尺寸小於烤模。建議先寬鬆鋪於烤模內，然後**置於冷藏室鬆弛30分鐘以上。冷卻能使塔皮麵團回縮且緊實**，這時候再將塔皮緊密貼合於烤模並切割邊緣多餘的部分，烤焙後的回縮情況會相對緩和一些。

步驟 12 的訣竅　充分混合攪拌食材
製作杏仁餡的訣竅在於依序添加食材並充分拌匀。將砂糖分2次倒入軟化奶油裡。砂糖攪拌均匀後，再分2次添加打散且恢復室溫的蛋液，同樣混合攪拌均匀。最後再依序添加杏仁粉、蘭姆酒、肉桂粉拌匀。

## 11 戳洞

塔皮麵團鋪好之後，用叉子在整個底部戳洞。

## 12 製作杏仁餡

攪拌奶油至鮮奶油狀（參照P.11），然後依序添加食材並攪拌均匀。參照上述作法。

## 13 倒入烤模裡

將杏仁餡倒在塔皮上並鋪平。上面隨意擺放蘭姆葡萄乾。

## 14 蘋果切片

蘋果削皮切成4塊，去除蘋果核後切成薄片。

---

Q 為什麼塔皮底部需要戳洞？

A 防止烤焙時的回縮。

用叉子在厚度一致的整個塔皮底部戳洞，好比網眼布的感覺。目的是防止烤焙回縮，以及讓火候容易穿透。同時也能避免塔皮於烤焙過程中向上浮起。

Q 填入餡料時的注意事項？

A 填入後壓平。

將杏仁餡倒在塔皮麵團上，隨意撒些蘭姆葡萄乾後，以叉子等將蘭姆葡萄乾輕壓至餡料裡，以利之後擺放切片蘋果。

Q 蘋果薄片的厚度？

A 關鍵在於厚薄度要一致。

盡量將蘋果切成2～3mm厚度的薄片，並且均匀擺放，不僅有利於火候穿透，整體外觀也更顯工整美麗。擺放薄片蘋果時，不要隨意交疊，而要讓人有一字滑開的感覺。

✕失敗範例3 **麵團烤焙得半生不熟**

●原因 　烤焙時間不足
或烤焙溫度太低。

**蘋果顏色偏白，表示烤焙不足。而麵團偏白，則表示杏仁餡還沒完全熟透。務必將蘋果烤到有點焦，烤到沒有水水的感覺。**

## 15 排列

將蘋果薄片排列在杏仁餡上。

## 16 撒精白砂糖

在蘋果上撒精白砂糖和肉桂粉。參照下述作法。

## 17 烤焙

放入預熱至190度C烤箱中烤焙45～50分鐘。

## 18 增加烤色

若家裡有瓦斯噴火槍，稍微炙燒一下增加烤色，讓蘋果更顯美味。

---

**Q 排列訣竅？**

**A 工整交疊，看似一字滑開。**

如照片所示，好比一字滑開般將蘋果向側邊一片片疊在一起，從邊緣側開始一排一排依序排列整齊。第二排稍微覆蓋在第一排上面，均勻疊出五排。盡量以相同間距排列，以求整齊劃一。**比較小片的蘋果可置於邊角作為微調使用。** 排列得愈工整，烤焙出來的成品也愈具魅力。

**步驟 16 的訣竅**
**撒上大量精白砂糖**
由於使用大量新鮮蘋果，**稍微多撒一些精白砂糖**，不僅可以打造誘人的焦糖烤色，整體香氣也更加濃郁。可以視個人喜好添加肉桂粉。

**Q 烤焙注意事項？**

**A 烤焙溫度稍微高一些。**

**以稍微高一些的溫度烤焙。** 當法式酥脆塔皮的奶油一沸騰，周圍的粉類麵團會變得酥鬆脆口。**確實烤焙至麵團呈現美麗的烤色。**

### ✕失敗範例4　果醬結成塊

●原因
熬煮時沒有確實沸騰，
或者沒有添加足夠的水。

果醬沸騰時需要添加果醬分量2成左右的水，並且**熬煮沸騰至完全變成液體狀**。格外留意添加過量的水反而會變太稀，進而被蘋果吸收。**塗抹果醬時，若冷卻變硬，請再次加熱使其變液體狀後再使用。**

| 19 脫模 | 20 熬煮果醬 | 21 塗抹 | 22 收尾裝飾 |
|---|---|---|---|

稍微置涼後脫模。從底部往上推壓，再以刀子輕輕伸入底板與塔皮之間，小心取下底板。

熬煮杏桃果醬成液體狀。

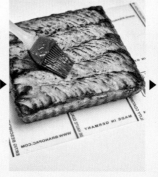

以毛刷將果醬塗抹在塔派上面。

使用糖粉篩罐或濾茶網撒上防潮糖粉。參照下述作法。

---

Q 熬煮果醬的注意事項？

A 熬煮至沸騰，讓果醬完全變成液體狀。

將果醬倒入小鍋裡，加入果醬分量2成左右的水。邊攪拌邊**以中火加熱至沸騰，並且熬煮至果醬完全變成液體狀。**

Q 如何漂亮塗抹果醬？

A 刷毛盡量平行於塔派，動作要迅速確實。

**趁果醬溫熱時，快速塗抹於塔派上。刷毛盡量平行於塔派，邊緣處也要確實塗抹。果醬塗抹得太厚會太甜**，而反覆塗刷容易變得凹凸不平，這些細節務必多加留意。

> **步驟22 的訣竅**
> **盡量靠近撒糖粉的部位**
> 只將糖粉**撒在邊緣處做為重點裝飾，中間部位不撒。將糖粉篩罐盡量靠近撒糖粉的部位。**使用濾茶網的情況，同樣於靠近後以手指按壓糖粉的方式輕撒。**局部撒糖粉時，建議使用糖粉篩罐會比較方便。**

# 法式酥脆塔皮應用重點

## 1
### 剩餘麵團的活用方式

邊緣切割下來的剩餘麵團，只需要疊在一起，盡可能不要揉圓，以擀麵棍輕壓結合在一起後延展成型。若剩餘麵團量很少，先暫時保存於冷凍庫，待累積至一定程度後再使用。剩餘麵團的回縮性更大，成型時必須增加鬆弛時間。

攤開疊在一起，不要揉圓

▼

延展成型

▼

活用於製作其他種類的糕點

## 2
### 盲烤

像是克拉芙緹蛋糕或法式鹹派等需要填入水分含量多的餡料時，容易因為火候不易穿透法式酥脆塔皮而導致烤焙時半生不熟。製作這類糕點時，建議先進行「盲烤」，也就是先單烤塔皮。

#### 盲烤技巧

**❶**

鋪好塔皮麵團後，靜置於冷藏室鬆弛30分鐘以上，之後再切掉邊緣多餘麵團。由於回縮性很大，盲烤時要讓邊緣塔皮麵團高於塔模3mm左右。

**❷**

剪裁一張比塔模大的烘焙紙，並於烘焙紙四周剪切口使其緊密貼合於塔皮上。

**❸**

倒入烘焙石至邊緣塔皮的高度，放入預熱至190度C烤箱中烤焙15～20分鐘（依塔皮大小調整烤焙時間）。

**❹**

移除烘焙石，再次以190度C烤焙至完全上色（依塔皮大小調整烤焙時間）。

## 3
### 摺三褶，烤出層次感

雖然不像千層酥皮般大幅度膨脹成好幾層，但將法式酥脆塔皮摺成三褶，烤焙後會有既酥脆又入口即化的口感。奶油顆粒稍微大一些，重複2次摺三褶作業。

#### 摺三褶的技巧

**❶**

奶油顆粒約1cm立方塊，不需要攪拌至細碎，置於冷藏室鬆弛1小時以上。撒些手粉（高筋麵粉）並以擀麵棍延展至18×55cm的長方形。

**❷**

將塔皮分成3等分，上方1/3部分往中間摺，下方1/3部分也往中間摺，摺成三褶。以擀麵棍輕輕按壓。

**❸**

麵皮旋轉90度，以擀麵棍延展成長度55cm左右的長方形。

**❹**

再次摺三褶，同樣以擀麵棍輕輕壓。裝入塑膠袋中，置於冷藏室鬆弛2小時以上再使用。

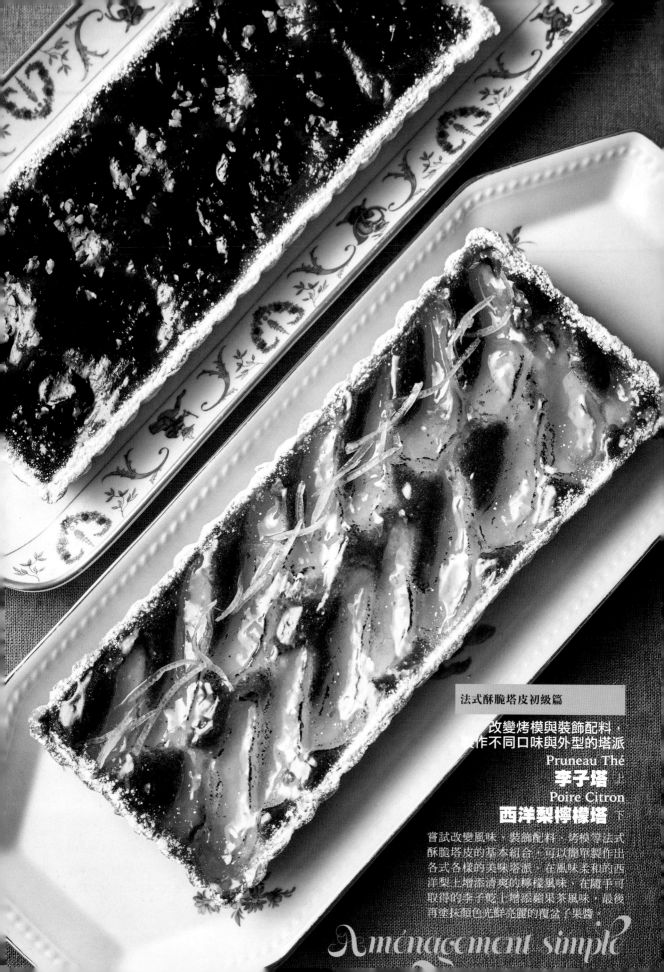

改變烤模與裝飾配料，
製作不同口味與外型的塔派
Pruneau Thé
**李子塔** 上
Poire Citron
**西洋梨檸檬塔** 下

嘗試改變風味、裝飾配料、烤模等法式
酥脆塔皮的基本組合，可以簡單製作出
各式各樣的美味塔派。在風味柔和的西
洋梨上增添清爽的檸檬風味，在隨手可
取得的李子乾上增添蘋果茶風味，最後
再塗抹顏色光鮮亮麗的覆盆子果醬。

*Aménagement simple*

### 烤模準備工作

使用無塗層烤模或不容易脫膜的烤模時，先於內側塗抹薄薄一層奶油。

**材 料** 24cm×10cm活動式長方形塔模1個分量

### ◆製作李子塔時

使用和西洋梨檸檬塔相同的法式酥脆塔皮。製作杏仁餡時添加3g蘋果茶茶葉（細研磨），另外以適量李子乾取代西洋梨。最後塗抹杏桃果醬或紅色果醬（參照P.45～P.46），撒上切碎的開心果。

●法式酥脆塔皮
| | |
|---|---|
| 高筋麵粉 | 35g |
| 低筋麵粉 | 35g |
| 鹽 | 2g |
| 砂糖 | 10g |
| 無鹽奶油 | 35g |
| 事先置於冷藏室備用 | |
| 冷水 | 25g |
| 事先置於冷藏室備用 | |

**烤焙時間**
190度40～45分鐘

●杏仁餡
| | |
|---|---|
| 無鹽奶油 | 45g |
| 事先恢復室溫備用 | |
| 砂糖 | 45g |
| 全蛋 | 45g |
| 事先恢復室溫備用 | |
| 杏仁粉 | 45g |
| 刨絲檸檬皮 | 適量 |

●配料
| | |
|---|---|
| 西洋梨（罐裝） | 半面2塊 |
| 杏桃果醬（過篩類型） | |
| | 適量 |
| 水 | 適量 |
| 糖煮檸檬皮（參照P.71） | |
| | 適量 |
| 防潮糖粉 | 適量 |

## 製作西洋梨檸檬塔

### 1 水果的事前準備

西洋梨切片後，以廚房紙巾澈底吸乾水氣。

### 2 塔皮鋪於烤模內

參照P.113～P.116製作法式酥脆塔皮並鋪於塔模內，底部以叉子戳洞。

### 3 擺放水果

同P.116製作添加檸檬皮的杏仁餡。平鋪於2之後，整齊擺放西洋梨切片（不要交疊在一起）。

### 4 烤焙

放入預熱至190度C烤箱中烤焙40～45分鐘。塗刷杏桃果醬，以糖粉裝飾。

---

 如何準備西洋梨？

A 確實瀝乾水氣。

將罐裝**西洋梨**倒在瀝水盤上，瀝乾水氣。切成1cm厚楔狀後，**以廚房紙巾上下包覆吸乾水分**。糖漬水果通常含有大量水分，務必**確實瀝乾後再使用**。

 塔皮鋪於烤模裡的訣竅？

A 將塔皮延展得比烤模大一些。

將塔皮延展成比烤模還要大的長方形，緊密貼合於烤模裡。先置於冷藏室裡鬆弛後再切掉邊緣多餘麵團，並以叉子在底部戳洞。再次置於冷藏室鬆弛備用。製作杏仁餡時，以刨絲檸檬皮取代肉桂粉。

 擺放西洋梨的方法？

A 整齊排放勿交疊。

若在火候不易穿透的中央部分擺滿西洋梨，由於西洋梨容易出水，會導致火候更難穿透而使麵團烤得半生不熟。請務必注意這一點。出爐後可再用瓦斯噴火槍炙燒一下。

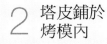

法式酥脆塔皮高級篇❶

將三褶麵團捲起來烤焙，
享用麵團本身的美味
Lemon Roll Pie
**檸檬捲派**

使用添加大量奶油的法式酥脆塔皮製作檸檬捲塔派。摺三褶後烤出層次感，增添酥脆且入口即化的口感。製作正統的千層酥費時又費力，但利用這種重複2次摺三褶的手法，就可以簡單製作捲塔派，薄薄一層清爽的檸檬糖霜更顯清新香氣。

*ment avance*

**事前準備**

同P.113～P.114製作法式酥脆塔皮。這道食譜中，將奶油切成1cm立方塊，稍微大一些。置於冷藏室鬆弛後，參照P.119重複2次摺三褶動作，然後靜置於冷藏室鬆弛一個晚上。

---

**烤模準備工作**

沒有。

---

**材料** 18片分量。

---

| ●法式酥脆塔皮 | |
|---|---|
| 高筋麵粉 | 75g |
| 低筋麵粉 | 75g |
| 鹽 | 3g |
| 砂糖 | 15g |
| 無鹽奶油 | 105g |
| 事先置於冷藏室備用 | |
| 冷水 | 50g |
| 事先置於冷藏室備用 | |

| ●配料 | |
|---|---|
| 杏仁碎 | 20g |
| 精白砂糖 | 適量 |
| ●檸檬糖霜 | |
| 糖粉 | 100g |
| 檸檬汁 | 約20g |
| 刨絲檸檬皮 | |
| | 1顆分量 |

---

**烤焙時間** 190度12～14分鐘

## 1 延展麵團

將摺三褶的麵團延展成40×22cm左右的長方形。厚度要一致。

## 2 撒杏仁碎並壓平

整個麵皮上撒杏仁碎，並以擀麵棍壓平使其貼合於麵皮。

## 3 捲起來

從身體側向前捲動，盡量緊實不要有空隙。捲動到最後時確實關閉捏緊。以保鮮膜包覆，置於冷藏室鬆弛1小時左右。

## 4 切成圓片狀

待麵團冷卻緊實後，切成18等分的圓片狀。

## 5 成型

輕輕撒上精白砂糖，以擀麵棍延展成長13～14cm的橢圓形。

## 6 烤焙

排列在烘焙紙上，放入預熱至190度C烤箱中烤焙12～14分鐘，直到出現烤色。

## 7 塗抹糖霜

將糖粉、檸檬汁和刨絲檸檬皮混合在一起，製作偏軟的糖霜。薄薄塗抹在捲派上。

## 8 烘乾

放入170度C烤箱中烘乾2分鐘左右。冷卻後保存於密封容器中。

---

Q 延展麵團的訣竅？

A **為避免奶油融化，延展速度要加快。**

將摺三褶的麵團旋轉90度，撒些手粉並以擀麵棍延展成40×22cm左右的長方形。接下來的**作業速度都要盡量加快，避免奶油融化。**

Q 捲麵皮的訣竅？

A **緊密捲起來。**

為避免產生空洞，從身體側**緊密地向前捲動，捲動至最後時用力關閉捏緊。**

Q 成型的注意事項？

A **邊撒精白砂糖邊延展成型。**

先在工作檯上撒精白砂糖，在上方將圓片狀麵皮延展成長13～14cm長的橢圓形。**撒些精白砂糖，翻面延展，重複數次。**

法式酥脆塔皮高級篇 ❷

烤蘋果疊在事先烤焙好的小塔餅上，
最後擠些鮮奶油

Tartelette au Pomme Caramélisé
焦糖蘋果塔餅

以酥脆芳香的塔餅為地基，填入焦糖醬和烤蘋果的焦
糖蘋果塔餅。最佳享用時間是香氣迷人的烤蘋果其美
味果汁滲透至塔餅杏仁餡時。最後在頂端擠一些鮮奶
油，突顯蘋果的風味與香氣。

### 烤模準備工作

沒有。不需要事先塗抹奶油。

◆事先烤焙地基塔餅，再以同樣烤模烤焙蘋果。

**材　料** 邊緣直徑7.5cm・高2.5cm
蛋塔杯4個分量

**事前準備** 參照P.113～P.116製作法式酥脆塔皮和杏仁餡。

◆ 草莓乾切粗碎備用。

| ●法式酥脆塔皮 | | 杏仁粉 | 30g |
|---|---|---|---|
| 高筋麵粉 | 35g | 蘭姆酒 | 4g |
| 低筋麵粉 | 35g | | |
| 鹽 | 2g | ●配料 | |
| 砂糖 | 10g | 草莓乾 | 30g |
| 無鹽奶油 | 35g | | 切1cm立方塊 |
| 事先置於冷藏室備用 | | 紅玉蘋果 | 2顆 |
| 冷水 | 25g | | |
| 事先置於冷藏室備用 | | ●焦糖醬 | |
| | | 砂糖 | 30g |
| ●杏仁餡 | | 水 | 少許 |
| 無鹽奶油 | 30g | | |
| 事先恢復室溫備用 | | ●裝飾 | |
| 砂糖 | 30g | 鮮奶油 | 70g |
| 全蛋 | 淨重30g | 砂糖 | 7g |
| 事先恢復室溫備用 | | 肉桂棒、肉桂粉 | 各適量 |

**烤焙時間**
190度25～30分鐘→180度15～20分鐘

## 1 塔皮鋪於塔模裡

參照P.115將法式酥脆塔皮鋪於塔模裡。延展成圓形麵皮時，必須比塔模尺寸大一些。

## 2 切割邊緣麵團並戳洞

鋪好塔皮後置於冷藏室冷卻緊實備用，以刀子切掉邊緣多餘麵團，並以叉子於底部戳洞。

## 3 填入餡料

將切粗碎的草莓乾和杏仁餡分成4等分，倒入鋪好塔皮的塔模中。

## 4 烤焙

放入預熱至190度C烤箱中烤焙25～30分鐘，脫模後置涼備用。將烤模清洗乾淨備用。

---

**Q** 將塔皮鋪於烤模裡的注意事項？

**A** 延展成圓形，緊密貼合於塔模內。

製作法式酥脆塔皮，靜置鬆弛後分成4等分。逐一邊撒手粉（分量外）邊延展成比烤模大一些的圓形塔皮，鋪於烤模時，緊密貼合於烤模底部和側面。

**Q** 為什麼需要戳洞？

**A** 預防烤焙時的回縮，以及讓火候容易穿透。

為了預防烤焙時的回縮，以及讓火候容易穿透，先用叉子在整個底部戳洞。作業結束後再置於冷藏室鬆弛。

**Q** 烤焙程度？

**A** 烤焙至邊緣麵團上色。

確實烤焙至邊緣麵團上色，稍微置涼後脫模。之後會以同樣的塔模烤焙蘋果，所以先清洗乾淨備用。

剖　面

**步驟 8 的訣竅**
**先平鋪3塊蘋果**
塔皮脫模後，將蘋果放入塔模中。先平鋪3塊蘋果於底部，然後在上方縱向立起3塊蘋果。

## 5 加熱蘋果

蘋果削皮去核，切成12等分的楔狀。蓋上保鮮膜並放入微波爐加熱2～3分鐘變軟。

## 6 製作焦糖醬

砂糖和水倒入小鍋，以中火加熱至顏色微深的焦糖醬後即關火。

## 7 注入塔模中

趁熱分別注入4個塔模中（小心不要燙傷）。焦糖醬沒有填滿整個塔模底部也沒關係。

## 8 放入蘋果

將3塊加熱後的蘋果平鋪於塔模底部，上方再縱向立起3塊蘋果。參照上述作法。

---

Q 焦糖醬熬煮程度？

A **熬煮至深褐色。**

**熬煮至焦糖呈深褐色即關火。** 熬煮程度不夠，無法讓蘋果完美呈現焦糖美味。

Q 蘋果烤焙程度？

A **烤焙至蘋果縮水變軟。**

**烤焙至焦糖醬咕嘟咕嘟沸騰，而且蘋果因變軟而縮水。** 出爐後以叉子底部輕壓，將蘋果頂部壓平，置涼後再脫模。

Q 蘋果脫模訣竅？

A **倒扣於塔餅上面。**

以抹刀等伸入塔模側邊，感覺底部稍微偏離塔模後倒扣在塔餅上面。**稍微變形沒關係，重新調整就可以了。**

**步驟 11 的訣竅**
**使用大口徑的花嘴**
為了讓鮮奶油分量看起來
多一些，**建議使用口徑較
大的花嘴。**這裡使用8齒
的10號花嘴。

## 9 烤焙

放入預熱至180度C烤箱中
烤焙15～20分鐘，烤焙至
蘋果縮小後冷卻備用。

## 10 擺在塔餅上

以小刀伸入塔模側面脫模，
小心將蘋果直接置於冷卻的
塔餅上。

## 11 擠鮮奶油

將添加砂糖攪拌至8分發的
鮮奶油填入裝有星形花嘴的
擠花袋中，將鮮奶油擠在蘋
果上。

## 12 裝飾

以肉桂粉和剝開的肉桂棒裝
飾。

---

**Q** 鮮奶油軟硬度？

**A** 打發至尖角挺立。

鮮奶油過軟，擠花時容易坍塌變
形，**務必將鮮奶油打發至尖角挺
立。**但注意打發過度會使口感變
乾硬。

**Q** 擠花訣竅？

**A** 擠得稍微有分量些。

**擠在中間部位，以畫圓方式擠2圈，讓整體顯得蓬鬆有分量。**
以按壓方式擠花，容易造成鮮奶油變形，務必特別留意。

**Q** 直接將肉桂棒擺在上面嗎？

**A** 縱向剝開後擺放。

直接以肉桂棒裝飾，感覺有點過大且占空間，建議**縱向剝開
後再使用。**肉桂棒無法食用，純粹作為裝飾。

**Q** 最佳享用時間？

**A** 蘋果美味確實滲透至塔餅後。

**最理想的享用時間是完成後靜置於冷藏室2小時以上，讓蘋果
美味確實滲透至塔餅。**靜置至隔天，塔餅更加酥脆。建議享
用前再擠鮮奶油和進行最後裝飾。

## PROFILE

### 熊谷裕子

青山學院大學法文系畢業後，於「サンルイ島」、「レジオン」、「ル・パティシエ・タカギ」等神奈川、東京的甜點店工作約10年左右的時間。經營小班制・實習形式的甜點教室「Craive Sweets Kitchen」、「Atelier Lekado」。同時也以自身教室發明的原創食譜為主題出版甜點書。目前已有20多本著作。《「烘焙前置作業」 3堂課 做出誘人甜點蛋糕》、《夾心巧克力的魔法饗宴》、《熊谷裕子 迷人的甜點私旅》、《熊谷裕子 精湛的蛋糕變化研究課》（以上皆瑞昇文化出版）等。

2020年起推出「Web版 熊谷裕子のお菓子教室」，供大家以下載形式觀看影片課程。持續推廣各種活動以傳達製作甜點的樂趣。

「Web版 熊谷裕子のお菓子教室」https://craivesweetskitchen.com/

## TITLE

掌握奶油特性 常溫甜點研究室

## STAFF

| | |
|---|---|
| 出版 | 瑞昇文化事業股份有限公司 |
| 作者 | 熊谷裕子 |
| 譯者 | 龔亭芬 |
| 創辦人／董事長 | 駱東墻 |
| CEO／行銷 | 陳冠偉 |
| 總編輯 | 郭湘齡 |
| 責任編輯 | 張聿雯 |
| 文字編輯 | 徐承義 |
| 美術編輯 | 謝彥如 |
| 校對編輯 | 于忠勤 |
| 國際版權 | 駱念德　張聿雯 |
| 排版 | 二次方數位設計　翁慧玲 |
| 製版 | 明宏彩色照相製版有限公司 |
| 印刷 | 桂林彩色印刷股份有限公司 |
| 法律顧問 | 立勤國際法律事務所　黃沛聲律師 |
| 戶名 | 瑞昇文化事業股份有限公司 |
| 劃撥帳號 | 19598343 |
| 地址 | 新北市中和區景平路464巷2弄1-4號 |
| 電話 | (02)2945-3191 |
| 傳真 | (02)2945-3190 |
| 網址 | www.rising-books.com.tw |
| Mail | deepblue@rising-books.com.tw |
| 初版日期 | 2023年6月 |
| 定價 | 420元 |

## ORIGINAL JAPANESE EDITION STAFF

| | |
|---|---|
| アートディレクター | アガタ レイ（56HOPE ROAD STUDIO） |
| デザイン | こいたばし（bori bori） |
| 撮影、動画編集 | 大木慎太郎 |
| スタイリング | South Point |
| 菓子製作アシスタント | 田口竜基 |
| 企画・編集 | 成田すず江、藤沢せりか（株式会社テンカウント） |
| 校正 | ディクション株式会社 |
| 撮影協力 | 株式会社ルカド、UTUWA |

國家圖書館出版品預行編目資料

掌握奶油特性 常溫甜點研究室/熊谷裕子作；龔亭芬譯. -- 初版. -- 新北市：瑞昇文化事業股份有限公司, 2023.06
128面；14.8X25.7公分
ISBN 978-986-401-638-9(平裝)

1.CST: 點心食譜

427.16　　　　　　112007553

YAKIGASHI NO KYOKASHO
BUTTER NO SEISHITSU WO SHIREBA MOTTO OISHIKU YAKEMASU
Copyright © 2021 Yuko Kumagai
Chinese translation rights in complex characters arranged with
KAWADE SHOBO SHINSHA Ltd. Publishers
through Japan UNI Agency, Inc., Tokyo